Ernst Schröder

Der Operationskreis des Logikkalküls

Ernst Schröder

Der Operationskreis des Logikkalküls

ISBN/EAN: 9783743300521

Hergestellt in Europa, USA, Kanada, Australien, Japan

Cover: Foto ©berggeist007 / pixelio.de

Manufactured and distributed by brebook publishing software (www.brebook.com)

Ernst Schröder

Der Operationskreis des Logikkalküls

DER
OPERATIONSKREIS
DES
LOGIKKALKULS.

VON

DR. ERNST SCHRÖDER,
ORDENTL. PROFESSOR DER MATHEMATIK AN DER POLYTECHNISCHEN SCHULE
IN KARLSRUHE.

LEIPZIG,
DRUCK UND VERLAG VON B. G. TEUBNER.
1877.

Obwol schon nahe ein Vierteljahrhundert verflossen ist, seit das von Leibniz[1] aufgestellte Ideal eines Logikkalkuls durch George Boole erst in zwei vorgängigen Schriften[2][3] und dann in seinem Hauptwerke[4] eine Verwirklichung gefunden hat, scheint doch der neuen Schöpfung so wenig Beachtung und fernere Pflege zutheil geworden zu sein, dass die kurzen Notizen von Cayley[5] und von A. J. Ellis[6], sowie eine, wie es scheint unabhängige Bearbeitung derselben Materie von Robert Grassmann[7] so ziemlich die einzigen Schriften sein dürften, in welchen auf diese ernstlich Bezug genommen worden ist.

Einen Grund dieser Erscheinung erblicke ich darin, dass die Boole'sche Theorie selbst noch an gewissen Unvollkommenheiten leidet. Als den gewichtigsten der Mängel, welche mir an dieser immerhin bewunderswerthen und überdies höchst anziehend von ihm dargestellten Methode Boole's bemerklich geworden sind, will ich im voraus nur das eine anführen, dass Boole zur Lösung seiner Probleme ein dem Wesen der Sache völlig *fremdartiges* Element in die Untersuchungen mit hereinzieht. Als solches nämlich muss ich [mit einer Ausnahme zugunsten der Symbole 0 und 1, welchen allein auch in dem Kalkul der Logik ein Heimatsrecht nicht abzusprechen ist] den ganzen Ballast der *algebraischen Zahlen* hinstellen. Die Herbeiziehung dieser letzteren hatte in der That zur Wirkung, dass auf die Interpretabilität der einzelnen Schritte bei Boole verzichtet und im allgemeinen mit logisch durchaus nicht deutungsfähigen Symbolen wie $2, -1, \frac{1}{3}, \frac{0}{0}$ gerechnet werden muss. Während es eine hoffnungslose Aufgabe bleibt, sich die Bedeutung der dabei vollführten Zwischenoperationen einzeln zum Bewusstsein zu bringen, sieht man sich auf eine überraschende aber den Geist nicht befriedigende Weise zu dem erwünschten und allerdings in seiner Art richtigen Resultate geleitet.

Jenes wird man zwar bei jedem Rechnen mehr oder weniger unterlassen, indem eben darin, dass der Geist für eine Weile davon dispensirt wird, sich die Dinge, um die sich die Untersuchung dreht, selbst gegenwärtig zu halten, der Hauptvortheil und die Erleichterung besteht, die das Rechnen gewährt. Allein die Möglichkeit wenigstens, jeden Schritt mit der Anschauung zu controliren, wird man verlangen müssen, wenn auch von der Durchführung der Controle der Complikation wegen gerne Umgang genommen wird; an eine vollkommene Methode wird man m. a. W. die Anforderung stellen, dass sie fähig sei, ihre elementaren Operationen Schritt vor Schritt, und nicht blos das Ganze derselben durch den Erfolg, zu rechtfertigen.

Wenn ich auch nicht verkenne, dass gerade das Wagniss, gewisse anfänglich sinnlos erscheinende Symbole — wie $\sqrt{-1}$ — in der Algebra zur Verwendung zu bringen, diese Disciplin oft wesentlich gefördert hat, so glaube ich dagegen, dass im vorliegenden Falle in der Rückkehr vom abstrusen Künstlichen zum einfachen Natürlichen und durchaus interpretabeln ein Fortschritt liegen wird, und schreibe ich die unnöthige Herbeiziehung des abstrusen Elementes historisch nur dem Umstande zu, dass der Urheber der neuen Disciplin sich noch nicht vollständig genug von den Regeln der Arithmetik loszusagen vermochte, die für die inversen Operationen der Logik eben nun einmal nicht gelten.

Die erwähnte und auch noch andere gelegentlich zur Sprache kommende Unvollkommenheiten zu beseitigen, zugleich aber auch in der nunmehr dafür erreichbaren vollendeteren Gestaltung ein completes Bild des ganzen merkwürdigen, auch in formaler Beziehung hochinteressanten Operationskreises der deduktiven Logik dem deutschen Leserkreise vorzuführen, ist nun der Hauptzweck der vorliegenden Schrift.

Durch die hier eingeschlagene Behandlungsweise wird schon die Länge und mehr noch die Mühsamkeit der bei den Problemen selbst erforderlichen Zwischenrechnungen merklich verringert; besonders aber wird der ganze zum Aufbau der Theorie erforderliche Apparat so wesentlich vereinfacht, dass dabei nicht die geringsten mathematischen Vorkenntnisse, selbst das Einmaleins nicht mehr, vorausgesetzt zu werden brauchen. Um freilich diese so durchaus elementare Theorie auch für Nichtmathematikverständige geniessbar zu machen, müsste ich — wie ich es in der That einmal zu verwirklichen hoffe — eine Exposition derselben geben, welche der Boole'schen an Ausführlichkeit einigermassen gleichkäme. In Hinsicht auf den Formalismus des Kalkuls und dessen Begründung glaube ich, der nachfolgend dargestellten Theorie jetzt die äusserste erreichbare Einfachheit und Vollendung vindiciren zu können — ein Ziel, zu dessen Verwirklichung es allerdings, nach der von Boole geleisteten Vorarbeit, nurmehr noch weniger ziemlich nahe liegender Wahrnehmungen bedurfte, auf welche lediglich wegen ihres Erfolges Gewicht zu legen sein möchte.

Im folgenden gebe ich nun einen Ueberblick über die Operationen des Logikkalkuls und deren Gesetze, und zwar von einem Standpunkte, auf welchem die Kenntniss des Boole'schen Werkes *nicht* vorausgesetzt wird. Der veränderte Standpunkt bedingte, dass, während von den durch Boole aufgestellten Sätzen ein grosser Theil beibehalten werden konnte, doch die Beweise durchweg durch ganz andere ersetzt werden mussten, deren einige man auch ähnlich bei Rob. Grassmann finden wird. Wenn aber Herr Grassmann in sachlicher Hinsicht auch ganz den richtigen Weg betreten hat, so ist er doch auf diesem nicht weit genug gegangen, nämlich jedenfalls nicht so weit fortgeschritten, um dieselben Aufgaben, wie Boole, lösen zu können und dessen unnöthig verwickelten Apparat definitiv entbehrlich zu machen.

In § 1 und 2 beschränke ich mich auf die concise Darstellung derjenigen Untersuchungen, welche zur bequemen Lösung der allgemeinen Aufgabe des Kalkuls erforderlich und hinreichend sind, um dann in § 3 sogleich die Kraft der Methode an der complicirtesten von Boole gestellten Aufgabe zu erproben.

Auf eine andere (immerhin untergeordnete) Anwendung des Logikkalkuls, nämlich auf die Herleitung der *Syllogismen* der alten Logik, hier näher einzugehen, unterlasse ich, damit die gegenwärtige Publikation nicht zu umfangreich werde und hiermit fernere Verzögerungen erfahre; doch gedenke ich auf diese in einer eigenen Schrift zurückzukommen, in welcher sich zeigen wird, dass denselben eine hinreichend gründliche Bearbeitung noch nicht zutheil geworden ist.

In § 4 gebe ich sodann Betrachtungen, welche mehr zur Ausschmückung des Baues dienen sollen, zum Theil jedoch auch nöthig sind, um gewissermassen die Dinge aus dem bisherigen in ein besseres Geleise zu bringen, um nämlich die Verbindung zwischen Boole's und meiner Behandlungsweise herzustellen, und begründe ich namentlich eine correkte Theorie der beiden inversen Operationen, durch welche die vier Species ihre Ergänzung finden.

Karlsruhe, im März 1877.

Der Verfasser.

Literaturnachweis.

[1]) Man vergleiche über diese und verwandte Bestrebungen älteren Datums die reichen Quellenangaben in Adolf Trendelenburg: Historische Beiträge zur Philosophie, Bd. III, Berlin 1867, S. 1 bis 63.

[2]) George Boole: The mathematical analysis of logic, being an essay towards a calculus of deductive reasoning. Cambridge, Macmillan. London, G. Bell, 1847.

[3]) Boole: The calculus of logic. Cambridge and Dublin Mathematical Journal, Vol. III, 1848, p. 183—198.

[4]) Boole: An investigation of the *laws of thought*, on which are founded the mathematical theories of logic and probabilities. London, Walton & Maberly. Cambridge, Macmillan & Co., 1854, 424 Seiten.

[5]) Arthur Cayley: Note on the calculus of logic. Quart. Journal XI, p. 282—283.

[6]) A. J. Ellis: On the algebraical analogues of logical relations, Proceedings of the Royal Society of London, Vol. 21, p. 497—498 — in dem Jahrbuch über die Fortschritte der Math. Bd. V, S. 55 irrthümlich in das Quarterly Journal verwiesen.

[7]) Robert Grassmann: Die Formenlehre oder Mathematik. Zweites Buch: die Begriffslehre oder Logik (43 Seiten). Stettin 1872.

[8]) Hermann Grassmann: Lehrbuch der Arithmetik. Berlin 1861.

[9]) Ernst Schröder: Lehrbuch der Arithmetik und Algebra für Lehrer und Studirende. I. Bd.: Die sieben algebraischen Operationen. Leipzig 1873, Teubner. X, 360 Seiten.

§ 1.

Wenn wir uns der gebräuchlichsten Eintheilung anschliessen, wonach die Lehre von den *Begriffen*, den *Urtheilen* und den *Schlüssen* den Vorwurf der (deduktiven) Logik überhaupt ausmacht, so charakterisirt es insbesondere die *mathematische Logik* oder den *Logikkalkul*, dass darin die Begriffe oder auch die Urtheile allgemein durch *Buchstaben* dargestellt und die Schlussfolgerungen in Gestalt von *Rechnungen* bewerkstelligt werden, die man nach bestimmten einfachen Gesetzen an diesen Buchstaben ausführt.

Einen ersten Theil des Logikkalkuls bildet demgemäss die *Rechnung mit den Begriffen*; durch sie gelingt es, diejenigen Schlüsse zu vollziehen, deren Prämissen und Conclusionen „*Urtheile der ersten Klasse*", nämlich solche Urtheile sind, in denen *von den Dingen selbst etwas ausgesagt* wird — gemeinhin kategorische Urtheile.

Der zweite Theil umfasst das *Rechnen mit den Urtheilen* und vermögen durch ihn diejenigen Untersuchungen ihre Einkleidung zu finden, bei welchen *über unsere Behauptungen* von den Dingen *geurtheilt* wird hinsichtlich der Art und Weise, wie die Wahrheit oder Unwahrheit der einen abhängig erscheint von denen der andern — Beziehungen also, welche in der Regel ihren sprachlichen Ausdruck finden in Conditionalsätzen, in hypothetischen und disjunktiven Urtheilen, denen wir den Namen von „*Urtheilen der zweiten Klasse*" mit Boole beilegen wollen.

Während in beiden Theilen die Rechnung nach denselben Gesetzen vor sich geht, ist nur die Interpretation der Formeln in jedem derselben eine andere. Indem wir deshalb zunächst nur dem ersten derselben unsere Aufmerksamkeit zuwenden, werden wir finden, dass hernach der andere Theil durch eine einfache Bemerkung sich miterledigt, die nämlich — um es gleich vorweg zu sagen —, dass man unter den Buchstaben, welche die Urtheile vorstellen, statt dieser lediglich die Zeiten (oder „Klassen von Zeittheilen") zu setzen braucht, während welcher sie bezüglich wahr sind, um sofort die Untersuchung zu einer dem ersten Theile des Logikkalkuls angehörigen zu stempeln.

Gegenstand der logischen Operationen sind Buchstaben, welche — in dem genannten ersten Theile — als *Klassensymbole* zu bezeichnen sind. Unter einem Buchstaben, wie *a*, verstehen wir nämlich hier stets eine *Klasse* oder *Gattung* von Objekten des Denkens. Der sprachliche Ausdruck einer solchen ist in der Regel ein *Gemeinname* und gibt zugleich Veranlassung zur Bildung eines *Begriffes*, in welchem wir uns die wesentlichen Merkmale, die allen zu der Gattung gehörenden Individuen gemeinsam sind, zusammengefasst denken. Im Gegensatz zu diesen Merkmalen, dem sogenannten „Inhalte" des erwähnten Begriffes, stellt dann die Klasse selbst dessen „Umfang" vor, sodass wir in Gestalt dieser Klassensymbole in der That mit den hinsichtlich ihres Umfanges dargestellten Begriffen rechnen werden.

Die Individuen einer solchen Gattung können übrigens auch ganz beliebig aus der Mannigfaltigkeit des Denkmöglichen herausgegriffen werden und ausser dem Zufall, der unsere Wahl auf sie fallen lässt, keine übereinstimmenden Merkmale verrathen.

Die Zahl der in der Klasse enthaltenen Individuen kann begrenzt oder unbegrenzt sein; die Klasse kann sich auch auf ein einziges Individuum reduciren, in welchem Falle also das Klassensymbol *a* einen *Eigennamen* vertritt.

Auch in dem Kalkul der Logik gibt es, wie in der Arithmetik, 4 *Species* oder Grundrechnungsarten, welche jedoch, wie sich zeigen wird, *endgültig* auf *drei* verschiedenartige Elementaroperationen reducirt werden können. *Nichts hindert, jene 4 Grundoperationen mit denselben Namen zu benennen und mittelst derselben Rechenzeichen auszudrücken, wie sie in der Arithmetik gebräuchlich sind.* Ist doch der Gegenstand der Operationen beidemal ein ganz anderer — dort sind es Zahlen, hier aber beliebige Begriffe! Sollte freilich der Logikkalkul speciell auf arithmetische Probleme angewendet werden, so müssten die arithmetischen Operationszeichen durch irgend eine kleine Abänderung, z. B. durch Einklammerung, von den logischen unterschieden werden.

Ausserdem führt aber eine jede der logischen Operationen noch einen besonderen in der Philosophie oder in der Grammatik schon eingebürgerten Namen, und will ich zuerst unter Anführung dieser zwiefältigen Benennung einen Ueberblick der 4 Grundoperationen geben, indem ich mir vorbehalte, eine jede im einzelnen noch genauer zu erklären; sie sind

1°) Die *Multiplikation*, genannt *Determination*.

1') Die *Addition* oder collective Zusammenfassung (*Collektion*).

2°) Die *Division* oder *Abstraktion*.

2') Die *Subtraktion* oder *Exception* (Ausschliessung).

In der Arithmetik besteht zwischen den gleichnamigen Operationen eine bestimmte Rangordnung oder *Stufenfolge*, und pflegt man bekanntlich die Addition und Subtraktion als die Operationen der ersten Stufe, die Multiplikation und Division als Operationen der zweiten Stufe zu bezeichnen. Dieses aber ist nicht etwa willkürlich, sondern in der Natur der Sache begründet, insofern man den Begriff der Multiplikation und ihrer umgekehrten Operation erst dann zu erklären fähig, die Gesetze derselben erst abzuleiten im Stande ist, nachdem man sich mit dem Begriff und den Gesetzen der Addition und Subtraktion hinlänglich vertraut gemacht hat.

Obwol es bequem ist, diese Eintheilung der vier Operationen in zwei Stufen auch in dem Logikkalkul als Ausdrucksweise beizubehalten, ist doch eine bestimmte Rangordnung hier sachlich nicht gerechtfertigt, und stelle ich, um dies hervortreten zu lassen, die Multiplikation mit Absicht der Addition voran.

Dagegen lässt sich zwischen den logischen Operationen der beiderlei Stufen eine durchgreifende Analogie erkennen und findet sich weiter unten der Nachweis geleistet, dass zwischen beiden Paaren von Operationen sogar ein vollkommener *Dualismus* besteht, den wir als (empirisches) Princip*) so formuliren können:

Aus jeder in der Logik geltenden allgemeinen Formel muss sich wiederum eine richtige Formel ergeben, wenn man die plus- und minus-Zeichen durchweg mit Multiplikations- und Divisionszeichen und ausserdem die Symbole 0 und 1 mit einander vertauscht. Würde man die Zeichen 0 und 1 als der „Moduln" der beiden direkten Operationen durch die Namen μ_+ und $\mu_\times$ ersetzen, desgleichen das Subtraktions- und Divisionszeichen bezüglich durch $(:)_+$ und $(:)_\times$, so würde das dualistische Princip in dem noch einfacheren Satze seinen Ausdruck finden, dass es gestattet ist, die Zeichen der Multiplikation und der Addition durchgängig zu vertauschen.

Ich werde diesen Dualismus dadurch zum Ausdruck bringen, dass ich die dual einander entsprechenden Formeln und Sätze jeweils nebeneinander stelle — so oft ich wenigstens es verlohnend finde, sie beide anzuführen; ich werde ferner solche Sätze stets mit der gleichen Ziffer n als n^0) und n') numeriren — jedoch n') nicht immer ausdrücklich anführen — so dass mit dem unaccentuirten n) nur ein solcher Satz numerirt erscheinen kann, der dual sich selbst entspricht — wie dieses weiter unten zufällig blos bei 7) 11) 12) 13) und 32) der Fall sein wird. So oft das duale Gegenstück zu interessant erscheint um ganz übergangen zu werden, aber gleichwol für die praktischen Ziele des Kalkuls nicht wesentlich ist, soll es in eckige Klammer gesetzt werden.

---

*) Auf die innere Nothwendigkeit dieses Princips habe ich schon *) S. 146 aufmerksam gemacht.

Will man nur auf das durchaus nothwendige sich beschränken, so kann man noch der beiden inversen Operationen (Division und Subtraktion) im Logikkalkul, wie schon gesagt, entrathen. Diese Elementaroperationen werden nämlich von vornherein entbehrlich gemacht durch eine fünfte zu sich selbst duale, die in der Bildung des contradiktorischen Gegentheils besteht und

3) *Opposition* oder *Negation*

zu nennen sein möchte. Diese Operation, welche wir später in dem Lichte eines gemeinsamen Specialfalles der Subtraktion und Division erblicken werden, ist von einfacherer Natur als die übrigen, indem bei ihr nur *eines*, bei den anderen aber *mehr* als ein Operationsglied als gegeben vorausgesetzt werden muss. Sie bildet mit der Multiplikation und Addition zusammen die *drei definitiven* Grundoperationen der nach Möglichkeit vereinfachten Disciplin des Logikkalkuls, zu deren Darstellung wir jetzt schreiten.

§ 2.

Indem ich nunmehr die wesentlichen *Definitionen*, *Axiome* und *Sätze* des Logikkalkuls samt den dazu gehörigen Beweisen zusammenstelle, halte ich für gut, noch ein paar Bemerkungen vorauszuschicken.

Sämtliche Theoreme unserer Disciplin sind *intuitiv*; sie erscheinen, sobald sie zum Bewusstsein gebracht werden, als unmittelbar einleuchtend, und deshalb könnten auch die als Axiome hier angeführten Behauptungen mit einer gewissen Berechtigung als Folgerungen hingestellt werden, welche durch die Definitionen unmittelbar mit gegeben seien. Diese Axiome, welche jedenfalls (wie auf anderen Gebieten manche) einen empirischen Charakter durchaus nicht haben, möchte ich deshalb genauer als lediglich *formale* bezeichnen, indem ich als solche nur diejenigen Behauptungen aufführe, welche ich nicht durch formelle Rechnung nach bereits begründeten und klassificirten Methoden oder durch äusserlich dargestellte und verfolgbare Schlüsse ausdrücklich aus früheren ableite. Bei dieser Behandlung werden dann nicht die Definitionen, sondern nur die eventuell an sie geknüpften Postulate nebst den Axiomen die formale Grundlage der ganzen Disciplin ausmachen. Ob ich einerseits in dem Streben nach Verringerung der Anzahl jener Axiome weit genug gegangen bin, muss ich Anderen zu beurtheilen überlassen [ich verweise in dieser Beziehung noch auf die Bemerkung am Schlusse von 10)]; zur Rechtfertigung einiger scheinbaren Umständlichkeiten muss ich andrerseits auf ebendiese Tendenz mich berufen.

Man wird die Wahrnehmung machen, dass mitunter von zwei einander dual entsprechenden Sätzen nur der eine (und dann natürlich einerlei welcher) als Axiom zu figuriren hat, und ferner, dass demgemäss die Reihenfolge des Beweises der Sätze nicht ganz zusammenfällt mit derjenigen, in welcher sie des Dualismus wegen aufgeführt werden mussten — weshalb dann auch die Beweise nicht immer dual entsprechend zu führen sind.

Die auch in der gemeinen Arithmetik gültigen Axiome und Sätze werde ich zwar einmal mit aufzählen, aber in der Regel nicht citiren.

Ich muss endlich empfehlend hinweisen auf die längst bei den Philosophen übliche Versinnlichungsweise der Begriffsumfänge durch irgendwie begrenzte Flächengebiete der Ebene, bei welcher die zur Kategorie eines Begriffs gehörigen Individuen durch geometrische oder nach Belieben auch ausgedehnte Punkte der Fläche abgebildet werden. Als reales Substrat der formalen Rechnungsoperationen des Logikkalkuls könnten darnach — ganz abgesehen von den Geistesprocessen, die wir damit darzustellen beabsichtigen — auch gewisse rein geometrische Processe in einer linearen oder auch in einer zweifach oder dreifach ausgedehnten räumlichen Mannigfaltigkeit genommen werden, wie sie weiter unten für das Beispiel der Ebene mit angeführt und zuweilen (aus typographischen Gründen jedoch sparsam) zur Illustration verwendet werden.

Vorangestellt sei

I. Die *Definition* der *Gleichheit* zweier oder mehrerer Klassensymbole. Die letzteren sollen einander gleich heissen, wenn die von ihnen vorgestellten Klassen identisch die nämlichen Individuen umfassen, wenn jene also nur Namen für ein und dieselbe Klasse sind. Darnach gilt

II. Das *Axiom*: Jedes Klassensymbol ist sich selbst gleich,

III. Das *Axiom*: Wenn zwei Klassensymbole einem dritten gleich sind, so sind sie auch unter sich gleich

— nebst den noch allgemeineren Sätzen, welche sich in bekannter Weise hieraus folgern lassen, cf. z. B. [9]) S. 25 und 26.

Hieran schliessen sich als *wesentlicher* Inhalt der Theorie nun etwa zwanzig zumeist gedoppelte Sätze, wovon vorerst dreizehn einzelne als formale *Axiome* hinzustellen sind. Von diesen mögen auch die drei sub 1₀) und 7) als *Postulate* aufgefasst werden.

1_0) *Definition* des *Produktes* ab zweier Klassensymbole.

Unter ab ist zu verstehen die Gesamtheit oder Klasse, die ganze Gattung der Individuen, welche

$1'$) *Definition* der *Summe* $a + b$ zweier Klassensymbole.

Die Klasse $a + b$ bedeutet die Gesamtheit der Individuen, welche zur Klasse a oder auch zur Klasse

| sowol zur Klasse a als auch zur | b gehören, d. h. genauer gesagt
| Klasse b gehören. | entweder zur einen oder aber zur
| | andern, oder gleichzeitig zu beiden
| | Klassen zählen.

Bei der geometrischen Veranschaulichung der Klassen a und b durch die Punkte zweier Kreisflächen stellt

| ab | $a + b$ |

bezüglich die nachstehend schraffirte Fläche vor:

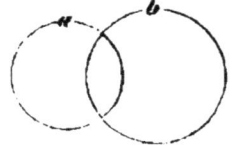 

Es stellt also in irgend einer Mannigfaltigkeit

| $a \cdot b$ das Gebiet vor, in welchem die Gebiete a und b einander gegenseitig *durchdringen*. | $a + b$ das Gebiet vor, zu welchem die Gebiete a und b einander gegenseitig *ergänzen*.

Die logische

| Multiplikation dient dazu, aus der Mannigfaltigkeit des Denkbaren solche Dinge hervorzuheben, welche durch die *Gemeinsamkeit ihrer Merkmale* charakterisirt sind; sie läuft wesentlich auf eine Aussonderung oder *Selektion* hinaus. Die | Addition dient dagegen dazu, solche Klassen von Dingen zusammenzusetzen, deren einzelne Gruppen charakterisirt sind durch *verschiedenartige Merkmale*, sie kommt also auf ein Zusammenfassen, auf eine *Collektion* hinaus.

Philosophen nennen sie *Determination*, weil, wenn man aus der Klasse a diejenigen Individuen hervorhebt, welche zugleich zur Klasse b gehören, der Begriff der a eine nähere „*Bestimmung*" erfährt durch die Forderung, dass die gemeinten a zugleich auch die Merkmale der b haben sollen.

Die gegebene Definition bedarf einer Ergänzung für den Fall dass

| die beiden Kreise ausserhalb einander liegen, | die beiden Flächen die ganze Ebene zusammen überdecken,

und hierzu ist die Einführung je eines neuen Symbols erforderlich, als welches die Zeichen

| 0 | 1 |

gewählt worden sind und in der That sich auch empfehlen.

Die *Null* sei das Zeichen für „*nichts*" — eine Klasse, zu welcher gar kein Individuum gehört.

Die *Eins* soll die Klasse des „*etwas*" vorstellen — eine Kategorie, die alles Denkbare umfasst, die Gesammtheit alles dessen, wovon überhaupt die Rede sein kann (Boole's „universe of discourse").

Die Motivirung dieser Festsetzungen, von denen namentlich die letztere dem Anfänger überraschend erscheint, ist unter 9) zu finden.

Die Symbole 0 und 1 sind darnach die Grenzen, die entgegengesetztesten Extreme der Klassensymbole, indem keine Klasse weniger als keines, und keine mehr als alle Individuen umfassen kann.

Es ist demnach

$$ab = 0 \qquad\qquad a + b = 1$$

zu setzen, wenn die Klassen a und b

kein Individuum gemein haben. In diesem Falle können die Klassen *disjunkte* genannt werden; ihre Begriffe „widerstreiten" einander.

zusammen alles Denkbare umfassen. Dergleichen Klassen könnten füglich („*über*")*complementäre* genannt werden.

An die erstere Bemerkung scheint es nicht überflüssig, den ausdrücklichen Hinweis zu knüpfen, dass in der Logik ein Produkt sehr wol verschwinden kann ohne dass einer seiner Faktoren 0 sein müsste — was bekanntlich in der Arithmetik nur bei unendlicher Faktorenzahl eintreffen kann.

Die Definitionen 1) sind entsprechend auf beliebig viele Operationsglieder ausgedehnt zu denken. Als den eigentlichen Inhalt dieser beiden Nummern sehe ich aber nicht die angeführten Definitionen, sondern die sich an sie anlehnenden *Postulate* an, *gegebene Klassensymbole mit einander zu multipliciren resp. zu addiren*, d. h. also mit anderen Worten die axiomatischen Sätze:

Axiom. Das Produkt | *Axiom. Die Summe*

von Klassensymbolen ist immer wieder ein Klassensymbol, oder die logische Multiplikation resp. Addition ist eine *unbedingt ausführbare* Operation; das formale Ergebniss (der Name für das Resultat) derselben ist innerhalb des Gebietes der Klassensymbole niemals sinnlos, undeutig oder *nulldeutig*.

2⁰) *Axiom*. Das Commutationsgesetz der *Multiplikation*:
$$ab = ba.$$

3⁰) *Axiom*. Das Associationsgesetz der *Multiplikation*:
$$a(bc) = (ab)c = abc.$$

2′) *Axiom*. Das Commutationsgesetz der *Addition*:
$$a + b = b + a.$$

3′) *Axiom*. Das Associationsgesetz der *Addition*:
$$a + (b+c) = (a+b) + c = a+b+c.$$

Die aus der Arithmetik bekannte Ausdehnung der beiden Gesetze 2) 3) auf Produkte resp. Summen von beliebig vielen Operationsgliedern wäre hier wol als ein *Lehrsatz* anzureihen, den wir jedoch nicht besonders numeriren wollen. Die *Reihenfolge* und *Gruppirung* der Operationsglieder, die ganze Anordnung des Multiplikations- resp. Additionsprocesses ist darnach für den „Werth" (die Bedeutung) des Endergebnisses gleichgültig.

4⁰) *Axiom*. Gleiches mit gleichem multiplicirt gibt gleiches. Wenn
$$a = b$$
so ist auch
$$ac = bc,$$

4′) *Axiom*. Gleiches zu gleichem addirt gibt gleiches. Wenn
$$a = b$$
so ist auch
$$a + c = b + c,$$

— ein Satz, der leicht auch auf die operative Verknüpfung beliebig vieler Gleichungen auszudehnen ist.

Auf Grund dieses Satzes ist das Ergebniss einer jeden der beiden direkten Grundoperationen des Logikkalkuls ein *unzweideutig bestimmtes*, indem zwei aus denselben Faktoren zusammengesetzte Produkte (z. B.) immer identisch sein müssen. Da mithin diese Operationen weder mehrdeutig, noch, nach 1), jemals undeutig werden können, so dürfen wir dieselben als *vollkommen eindeutige* bezeichnen.

Wichtig erscheint es, zu betonen, dass die beiden Sätze 4) *nicht umgekehrt* werden dürfen — wie denn z. B. für $cd = 0$ nach Axiom 6⁰) die Gleichung $(a + d)c = ac$ zulässig sein wird, ohne dass doch $a + d = a$ sein müsste. Auch Exempel aus dem Ideenkreis des gewöhnlichen Lebens, um darzuthun, dass aus $ac = bc$ nicht auf $a = b$ geschlossen werden darf, sind naheliegend.

Die Analogie zwischen den Gesetzen der logischen und denen der arithmetischen Operationen sehen wir hiermit zunächst abbrechen, den Contrast der beiden aber in den nächstfolgenden Sätzen seinen Gipfel erreichen.

5⁰) *Axiom*. Es ist
$$aa = a,$$
d. h. *Multiplikation einer Klasse mit sich selbst ändert nichts.*

5′) *Axiom*.
$$a + a = a.$$
Ein Klassensymbol zu sich selbst addirt bleibt unverändert.

Ich werde diese im Hinblick auf die Definitionen 1) ganz selbstverständlichen Sätze *die specifischen Gesetze des Logikkalkuls**) nennen.

Man könnte freilich einwenden, dass es ungereimt sei, Operationen wie $a \cdot a$ oder $a + a$ überhaupt auszuführen. Unzweifelhaft macht man in der That bei der Bildung von dergleichen nackten Ausdrücken sich einer *Tautologie* schuldig. Der Allgemeinheit der Untersuchungen kommt es aber zu statten, wenn in den auf beliebige Klassen bezüglichen Produkten oder Summen der Fall der Gleichheit dieser Klassen nicht ausgeschlossen wird, und könnte leicht der Nutzen dieser Freiheit in Hinsicht auf Vereinfachung der Ausdrucksweise an Beispielen illustrirt und jene als durch den Usus sanktionirt nachgewiesen werden. Was aber in verhüllter Form, implicite, ganz allgemein geschieht, muss im System auch explicite eine Stelle finden. Die Sätze sind natürlich auch auf beliebig viele Operationsglieder auszudehnen:

$$aaa\cdots = a, \qquad a+a+a+\cdots = a.$$

und kommen demnach im Logikkalkul keine Potenzen vor. Die Stelle der Exponenten bleibt hier für obere Indices disponibel, und soll weiter unten auch nur für solche in Anspruch genommen werden.

Ein Zusammenhang zwischen Multiplikation und Addition wie derjenige, durch welchen wir in der Arithmetik das natürliche Produkt definiren, besteht im Logikkalkul *nicht*.

Mit vorstehendem sind die *reinen* Gesetze der beiden direkten Grundoperationen, so weit in dieselben lediglich allgemeine Klassensymbole eingehen, erschöpft. „Rein" nenne ich diejenigen Gesetze, welche nur auf eine einzige Operation Bezug haben.

Auf den *Zusammenhang* zwischen den beiden Operationen beziehen sich dagegen die beiden folgenden („gemischten") Gesetze dieser Operationen, von welchen das eine — wir wählen das erste — als Axiom genommen werden muss und einen Grundpfeiler der ganzen Theorie bildet, das andere nur der dualistischen Vollständigkeit halber mitangeführt wird.

6°) *Axiom.* Es gilt für die logischen Operationen das („erste" oder „zweite") *Distributionsgesetz*:
$$a(b+c) = ab + ac$$
oder $(b+c)a = ba + ca$,

(6′) *Theorem.* Ebenso gilt das duale Gegenstück der Distributionsgesetze:
$$a + bc = (a+b)(a+c)$$
oder $bc + a = (b+a)(c+a)$.

---

*) Der für den ersteren von Boole vorgeschlagene Name des „law of duality" erscheint im Hinblick auf den vorerwähnten nicht völlig mehr von ihm erkannten wirklichen Dualismus als gänzlich unpassend.

das ist die Regel für das *Ausmultipliciren* (eines Polynoms mit einem Monom) und für das *Vereinigen* (oder Ausscheiden eines gemeinschaftlichen Faktors in den Gliedern einer Summe).

Der Beweis dieses fernerhin von uns nicht wesentlich verwendeten Satzes ist erst weiter unten sub 10) zu führen.]

Die geometrische Veranschaulichung dieser beiden Sätze geben folgende Figuren, in welchen der schraffirte Theil wieder den übereinstimmenden Werth beider Seiten der Gleichung vorstellt.

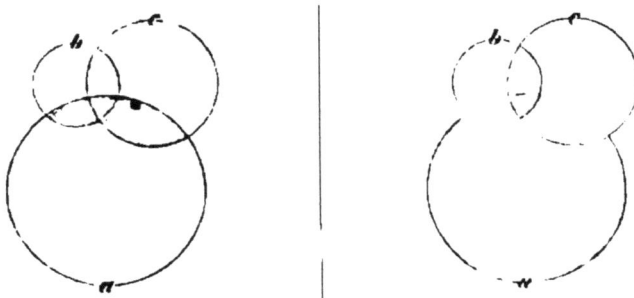

Die Operationen der logischen Addition und Multiplikation sind das einzige bekannte Beispiel von solchen commutativen Operationen, die in gegenseitig distributiver Beziehung zu einander stehen, für welche nämlich *alle vier* Distributionsgesetze 6) gleichzeitig Geltung haben. Natürlich sind vorstehende Distributionsgesetze auch auf beliebig viele Operationsglieder auszudehnen und fernerhin in einer aus der Arithmetik bekannten Weise zu erweitern zu der allgemeinen:

Multiplikationsregel für Polynome, | [*Additionsregel für Produkte*], welche für den einfachsten Fall durch die Formel ausgedrückt wird:
$(a+b)(c+d) = ac+ad+bc+bd$, $|ab+cd=(a+c)(a+d)(b+c)(b+d)|$,
hier aber als *Lehrsatz* nicht mitgezählt werden soll.

7) Axiom.

Zu jedem Klassensymbol a gibt es mindestens ein anderes a_1 von der Eigenschaft, dass sowol

$7^0) \ aa_1 = 0$ *als auch* $7') \ a + a_1 = 1$

ist. Wer sich dies genauer überlegt, wird sogleich einsehen, dass die gedachte andere Klasse a_1 eine ganz bestimmte und zwar das contradiktorische Gegentheil von a ist. Es ist jedoch nicht nöthig, auch diese eindeutige Bestimmtheit von a_1 in die axiomatische Voraussetzung mit einzuschliessen, sondern die Annahme, dass es nur irgend eine Klasse von der genannten Eigenschaft gebe, ist schon hinreichend, um (weiter unten) beweisen zu können, dass nicht mehr als eine solche Klasse existirt. Nennen wir vorläufig ein solches Symbol a_1 *eine Ergänzung* von a, so ist symmetriehalber auch a eine Ergänzung von a_1 zu nennen, und versichert uns unser Axiom der Existenz von einer (nämlich wenigstens einer) Ergänzung zu jedem denkbaren Klassensymbole. Wie wir sub 12) sehen werden, involvirt dieses Axiom das dritte und letzte Postulat, auf dem unsere Theorie beruht.

8°) *Theorem.*	8′) *Theorem.*
$0 \cdot a = 0$.	$1 + a = 1$.
9°) *Axiom.*	9′) *Theorem.*
$a \cdot 1 = a$.	$a + 0 = a$.

Beweis zu 8°). Wird a zusammengehalten mit einem nach 7) dazu gehörigen a_1, so ist:
$$a \cdot 0 = a(a a_1) = (a a) a_1 = a a_1 = 0,$$
q. e. d. Ebenso ist genau dual entsprechend zu führen der

Beweis zu 8′) $a + 1 = a + (a + a_1) = (a + a) + a_1 = a + a_1 = 1$, und kommen, wie man sieht, hierbei nur 7) und 4), das Associationsgesetz 3) und endlich 5) und 7) zur Anwendung.

Was den *Beweis* zu 9) betrifft, so kann, wie mir scheint, nur der eine von diesen beiden Sätzen zurückgeführt werden auf den andern, indem nach 7′), nach dem Distributionsgesetz 6°), nach 5°) und 7°):
$$a \cdot 1 = a(a + a_1) = a a + a a_1 = a + 0$$
sein muss. Der andere Satz — ich wähle 9°) — muss axiomatisch angenommen werden.

Die Formeln 8°) und 9°) geben nach Boole das passendste Motiv ab für die Wahl oder den Ausfall der für die Symbole 0 und 1 definitionsweise von uns festgesetzten Bedeutung, indem es wünschenswerth erscheint, jene von der arithmetischen 0 und 1 geltenden Grundeigenschaften auch auf die logischen Symbole zu vererben. Sollen in der That die Gleichungen 8°) und 9°) auch in dem Logikkalkul gelten, so muss

0 eine solche Klasse bedeuten, die mit jeder andern, insbesondere also auch mit contradiktorisch entgegengesetzten Klassen, sich selbst gemein hat; da letztere aber kein Individuum miteinander gemein haben, so kann die Klasse 0 auch nur nichts enthalten; es muss eine *leere* Klasse sein.

1 diejenige Klasse vorstellen, welche mit jeder denkbaren andern Klasse diese selbst gemein hat, welche also jede denkbare Klasse und alle denkmöglichen Individuen in sich begreift.

Die vorstehenden 4 Sätze, in welche theils allgemeine, theils specielle Klassensymbole eingehen, und von denen 3 auch in der Arithmetik bestehen, schliessen sich offenbar noch den „reinen" Gesetzen unserer Grundoperationen an.

Sehr charakteristisch für den Logikkalkul und einerseits wichtig sind nun folgende beiden (wieder gemischten) Sätze.

10^0) *Theorem.* Es ist
$$a + ab = a,$$
d. h. *ein Term, der einen andern als Faktor enthält, geht jeweils in diesen ein*, oder kann von ihm gewissermassen absorbirt werden („*Absorptionsgesetz*").

Beweis. Indem man links ausscheidet, kommt nach 9^0), 6^0), $8'$) und 9^0):
$$a + ab = a \cdot 1 + ab =$$
$$= a(1 + b) = a \cdot 1 = a.$$

[$10'$) *Theorem.* Analog ist:
$$a(a + b) = a.$$
Beweis. Links ausmultiplicirend hat man nach 6^0), 5^0) und 10^0):
$$a(a+b) = aa + ab = a + ab = a.]$$
[Darnach lässt sich jetzt auch $6'$) durch Ausmultipliciren nach 5^0) und 10^0) beweisen wie folgt:
$$(a + b)(a + c) =$$
$$= aa + ab + ac + bc =$$
$$= (a + ab) + ac + bc =$$
$$= \{a + ac\} + bc = a + bc.]$$

Indem mit $1^0{}'$), $2^0{}'$), $3^0{}'$), $4^0{}'$), $5^0{}'$), 6^0), 7) und 9^0) jetzt die Reihe der Postulate und Axiome, auf die wir uns berufen müssen, abgeschlossen ist, zugleich aber auch die dual entsprechenden Ergänzungssätze $6'$) und $9'$) nunmehr bewiesen sind, muss auch das in § 1 ausgesprochene Reciprozitätsgesetz oder die Behauptung des *vollkommenen Dualismus der logischen Grundoperationen* fortan als erwiesen gelten.

Die fünf als Axiome hier angeführten Sätze 2), 3) und 6^0) sind noch von Hermann Grassmann[8]) — vergl. auch [9]) — auf ihre einfachsten auf die Einheiten bezüglichen Voraussetzungen zurückgeführt, was auch bei 5) und 9^0) anginge. Den Einheiten entsprechen hier die (unter sich disjunkten) *Individuen*, als deren logische Summe:
$$a = i^1 + i^2 + i^3 + \cdots \text{ eventuell bis } i^n$$
die Klasse sich offenbar darstellen lässt.

11) *Theorem.*

Wenn zugleich $ac = bc$ *und* $a + c = b + c$, *so ist:*
$$a = b.$$

Beweis. Multiplikation der zweiten Gleichung mit a resp. mit b gibt nach 5^0):
$$a + ac = ab + ac, \quad ab + bc = b + bc.$$

Nach Voraussetzung ist aber der zweite Ausdruck dem dritten und folglich auch der erste dem letzten gleich, mithin wegen 10⁰)
$$a = b,$$
q. e. d. Oder auch dual entsprechend zu führen.

12) *Theorem.*

Von ein und demselben oder von gleichen Klassensymbolen müssen alle Ergänzungen einander gleich sein, also wenn einerseits
$$a a_1 = 0, \quad a + a_1 = 1$$
und andrerseits auch
$$a b_1 = 0, \quad a + b_1 = 1$$
ist, so muss $a_1 = b_1$ sein.

Beweis. Denn es folgt:
$$a a_1 = a b_1 \quad \text{und} \quad a + a_1 = a + b_1,$$
somit nach 11) $a_1 = b_1$.

Ist demnach eine Klasse a gegeben, so ist die Ergänzung derselben völlig bestimmt. Es gibt nur *eine* solche Ergänzung, und diese heisst die *Negation* oder das *contradiktorische Gegentheil* von a, das *non-a* oder *Nicht-a*.

Negation oder Opposition soll auch die Rechnungsoperation heissen, durch welche der Ausdruck des Nicht-a hergestellt wird, wenn der des a gegeben ist. Nach 12) und 7) ist mithin diese unsere *dritte Grundoperation* ebenfalls eine *vollkommen eindeutige*.

Die Gleichung 7⁰) erscheint uns jetzt als der mathematische Ausdruck des *Satzes vom Widerspruch*, welcher aussagt, dass nichts zu denken möglich ist, was zugleich und in demselben Sinne a und Nicht-a wäre — jenes principium contradictionis, welches Aristoteles an die Spitze des ganzen Logikgebäudes gestellt wissen wollte.

13) *Theorem.*

Es ist stets
$$(a_1)_1 = a,$$
oder: *die Negation der Negation (das Gegentheil des Gegentheils) von irgend einer Klasse ist diese selbst.* Beim Negiren einer Negation heben sich die Suffixe ähnlich auf, wie die beiden minus-Zeichen beim Subtrahiren einer negativen Zahl, oder besser, wie beim Subtrahiren einer Differenz von ihrem Minuenden dieser letztere sich weghebt [cf. 35')].

Beweis aus 12), da einerseits:
$$a a_1 = 0, \quad a + a_1 = 1$$
und andrerseits:
$$a_1 \cdot (a_1)_1 \text{ oder } (a_1)_1 \cdot a_1 = 0, \quad (a_1)_1 + a_1 = 1$$
nach 7) ist.

Speciell wegen $0 \cdot 1 = 0$ und $0 + 1 = 1$ folgt
$$(1)_1 = 0, \qquad (0)_1 = 1$$
und sind also die Klassen 0 und 1 die Negationen von einander.

14°) *Theorem. Jede Klasse b kann linear und homogen durch jede andere a ausgedrückt werden in der Form:*

(A) $\qquad b = xa + ya_1,$

[14') *Theorem.* Desgleichen kann stets gesetzt werden:

$b = (y + a)(x + a_1).$]

wo x und y gewisse nicht vollkommen bestimmte *Klassensymbole* vorstellen, die auch gleich 0 oder 1 sein können.

Geometrisch ist der Satz unmittelbar evident, da das Flächengebiet von b durch die Contur von a zerlegt wird in zwei Theile, mit deren einem $X = Xa$ es in a hineinfällt, und deren anderer $Y = Ya_1$ ausserhalb a zu liegen kommt; die Gleichung (A) ist also richtig, wenn $x = X$ und $y = Y$ verstanden wird.

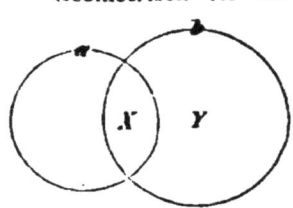

Analytisch ist der Satz am einfachsten wie folgt zu *beweisen*; es ist:

(B) $\qquad b = b \cdot 1 = b(a + a_1) = ba + ba_1,$

also ist der Satz jedenfalls unter der Auffassung $x = y = b$ richtig.

Dass aber x und y nicht völlig bestimmt sind, leuchtet weiter daraus ein, dass wenn x und y richtige Coefficienten sind, die die Gleichung (A) erfüllen, dann auch $x + ua_1, y + va$ solche sein müssen.

Ueberhaupt erkennt man leicht die Richtigkeit der Gleichung:

(C) $\qquad b = (ab + ua_1)a + (a_1b + va)a_1,$

in welcher u und v vollkommen willkürliche Klassen vorstellen; und würde man durch die bis zum Ende des gegenwärtigen Paragraphen auseinandergesetzten Methoden auch in den Stand gesetzt sein, nachzuweisen, dass diese (C) in der That die allgemeinste Form der Darstellung (A) ist, aus welcher sich durch passende Annahme von u und v alle möglichen Darstellungen dieser Art ergeben müssen.

Mit $f(a)$ soll nunmehr jeder Ausdruck bezeichnet werden, der die Symbole a und a_1 eventuell enthält.

Was die behufs Herstellung des Ausdrucks auszuführenden Operationen betrifft, so wollen wir zunächst annehmen, dass die Symbole a und a_1 nur durch die Operation der logischen Addition und Multiplikation unter sich und mit andern unabhängig von ihnen gegebenen zu verknüpfen seien — ein besonders einfacher Fall, auf welchen aber — wie aus dem später folgenden erhellen wird — alle denkbaren Fälle sich leicht zurückführen lassen.

In diesem Falle nun kann man alle etwa als Faktoren auftretenden Summenausdrücke nach 6°) ausmultipliciren, und den ganzen Ausdruck in ein Aggregat von Monomien auflösen. Jedes dieser Monome kann die Symbole a und a_1 nie gleichzeitig und jedes höchstens einmal als Faktor enthalten wegen 7°) und 5°). Es wird demnach der ganze Funktionsausdruck vom ersten Grade bezüglich a und a_1 sein, und kann derselbe homogen gemacht werden, indem man nach Belieben entweder den von a und a_1 freien Term oder auch den ganzen Ausdruck mit $a + a_1$ multiplicirt. So erhalten wir endlich ebenfalls die Form:
$$f(a) = xa + ya_1,$$
worin nun x und y unabhängig von a und a_1 gegeben sind. Es enthalten diese Coefficienten hier nichts willkürliches mehr, sondern durch die Forderung ihrer Unabhängigkeit von a in Verbindung mit der ihrer Entstehung aus dem gegebenen Ausdruck $f(a)$ haben dieselben ihre Bestimmung gefunden.

Die Rechenarbeit kann hierbei oft sehr verringert werden durch die Bemerkung von Boole, welcher dem Satze die Form gibt:

(D) $\qquad f(a) = f(1) \cdot a + f(0) \cdot a_1,$

da offenbar $f(1)$ und $f(0)$ auch aus dem noch unreducirten Ausdruck $f(a)$ direkt abgeleitet werden können, indem man
$$a = 1 \text{ nebst } a_1 = 0 \quad \text{resp.} \quad a = 0 \text{ nebst } a_1 = 1$$
darein substituirt und 8), 9) berücksichtigt. Dies beruht eben auf der Allgemeingültigkeit der logischen Gleichungen, wonach die Gleichheit zwischen dem gegebenen Ausdruck von $f(a)$ und zwischen dem gesuchten aber schon als zulässig erkannten (A) fortbestehen muss, auch wenn man a gleich 0 oder 1 specialisirt.

Der Satz (D) lässt sich von einem leicht auf zwei oder mehr Argumente ausdehnen:

(E) $f(a, b) = f(1, 1)ab + f(1, 0)ab_1 + f(0, 1)a_1b + f(0, 0)a_1b_1,$

(F) $f(a, b, c) = f(1,1,1)abc + f(1,1,0)abc_1 + f(1,0,1)ab_1c + f(1,0,0)ab_1c_1 +$
$\qquad + f(0,1,1)a_1bc + f(0,1,0)a_1bc_1 + f(0,0,1)a_1b_1c + f(0,0,0)a_1b_1c_1,$

u. s. w. Eine derartige Darstellung nennen wir die *Entwickelung* des Funktionsausdrucks nach den Symbolen a, resp. a, b oder a, b, c u. s. w. Zur Einprägung ihres Bildungsgesetzes kann man die Regel aussprechen: *Um einen Funktionsausdruck nach seinen Argumenten zu entwickeln, ersetze man diese sämtlich durch 1 und multiplicire das Ergebniss mit dem geordneten Produkt der Argumente; man erhält so das erste Glied der gesuchten Entwickelung. In diesem ersetze man nun das letzte Argument 1 durch 0 und zugleich den letzten Argumentfaktor durch seine Negation, so wird man das zweite Glied gefunden haben. In den beiden bisherigen Gliedern ersetze man weiter das an der vorletzten Stelle befindliche Argument 1 durch 0, zugleich den vorletzten Argumentfaktor durch seine Negation, wodurch sich zwei weitere Glieder ergeben. In den vier hierdurch gewonnenen Gliedern behandle man ebenso das drittletzte Argument, u. s. w.*

Die Glieder der entwickelten Produkte:

$$1 = a + a_1, \text{ resp.}$$
(G) $$1 = (a + a_1)(b + b_1) = ab + ab_1 + a_1 b + a_1 b_1,$$
$$1 = (a + a_1)(b + b_1)(c + c_1) = \text{u. s. w.}$$

heissen die *Constituenten* jener Entwickelungen im Gegensatz zu den *Coefficienten* $f(1, 1, 1)$, $f(1, 1, 0)$, u. s. w., mit welchen sie multiplicirt erscheinen.

Die Summe aller Constituenten ist also $= 1$ in jeder „vollständigen" Entwickelung, d. h. sofern man sich auch die fehlenden Constituenten mit Nullcoefficienten versehen angeschrieben denkt.

Das Produkt je zweier verschiedenen Constituenten ist $= 0$ nach 7[0]), da in ihnen mindestens zwei von den Argumentfaktoren $a, b, c, \ldots$ contradiktorisch entgegengesetzt sein müssen; sämtliche Constituenten sind also disjunkt.

15[0]) *Theorem.* Zur Erleichterung der Rechnung mit „entwickelten" Ausdrücken dient die Bemerkung, dass nicht nur die Summe zweier nach denselben Symbolen entwickelten Funktionen gefunden wird durch Zusammenziehen der hinsichtlich ihrer Constituenten gleichnamigen Terme, sondern dass auch für die Multiplikation der Satz gilt:

Das Produkt von (zwei) nach denselben Argumenten entwickelten Aggregaten ist einfach die „Ueberschiebung" derselben; es wird dasselbe nämlich entwickelt erhalten, indem man die Coefficienten der gleichnamigen Terme multiplicirt, und ist z. B.

$$(pab + qab_1 + ra_1 b + sa_1 b_1)(p'ab + q'ab_1 + r'a_1 b + s'a_1 b_1) =$$
$$= pp'ab + qq'ab_1 + rr'a_1 b + ss'a_1 b_1.$$

Dieser Satz ist eine unmittelbare Folge aus der Multiplikationsregel für Polynome im Hinblick auf die Bemerkung am Schlusse der vorigen Nummer.

16[0]) *Theorem.* Wenn
$$a + b = 0$$
ist, so muss
$$a = 0 \text{ und } b = 0$$
sein.

[16') *Theorem.* Wenn
$$ab = 1$$
ist, so muss sein
$$a = 1 \text{ und } b = 1].$$

Eine Summe kann also *im Logikkalkul nicht anders* $= 0$ *sein, als indem ihre Glieder einzeln verschwinden.*

Beweis. Multiplikation der Prämisse mit a gibt nach 5°) $a + ab = 0$, also nach 10°) $a = 0$. Darnach folgt dann die andre Gleichung $b = 0$ nach 9') als Rückstand aus der Prämisse, wie man direkt durch Multiplikation dieser letzteren mit b auch ebenso nachweisen könnte.

Von zweien ist der Satz leicht auf beliebig viele Glieder auszudehnen.

Derselbe ist dadurch ungemein wichtig, dass er umgekehrt uns in Verbindung mit dem nächstfolgenden Satze gestatten wird, *jedes System von logischen Gleichungen durch eine einzige: die Summe der rechterhand auf 0 gebrachten Gleichungen, vollständig zu ersetzen.*

17°) *Theorem. Jede logische Gleichung kann einerseits auf 0 gebracht werden. Die Gleichung*
$$a = b$$
ist nämlich *völlig äquivalent mit*
$$ab_1 + a_1 b = 0.$$

[17') *Theorem.* Statt
$$a = b$$
kann ebenso
$$(a + b_1)(a_1 + b) = 1$$
oder
$$ab + a_1 b_1 = 1$$
gesetzt werden.]

Beweis. Wenn die erste Gleichung richtig ist, gilt jedenfalls auch die zweite, da sie, wenn a für b gesetzt wird [12) und 4)] nach 5') auf 7°) hinauskommt.

Umgekehrt muss, wenn die zweite Gleichung erfüllt ist, nach 16°) sein:
$$ab_1 = 0 \quad \text{und} \quad a_1 b = 0.$$
Wird mit Rücksicht hierauf die nach 7') identisch richtige Gleichung
$$a + a_1 = b + b_1$$
mit a multiplicirt, so kommt nach 5°) und 7°):
$$a = ab + ab_1 = ab.$$
Desgleichen folgt durch Multiplikation mit b:
$$ab + a_1 b = b \quad \text{oder} \quad ab = b,$$
daher endlich nach III.: $a = b$.

Um von dem letzten Satze mit Nutzen Gebrauch zu machen, muss man im Stande sein, *für jeden wenn auch noch so complicirten Klassenausdruck sofort die Negation hinzuschreiben.*

Hierzu verhelfen uns aber die drei nächstfolgenden Sätze.

18°) *Theorem. Die Negation eines Produktes ist die Summe der Negationen der Faktoren:*
$$(ab)_1 = a_1 + b_1,$$

18') *Theorem. Die Negation einer Summe ist das Produkt der Negationen der Glieder:*
$$(a + b)_1 = a_1 b_1,$$

welche, nebenbei gesagt, noch zu der Regel zusammengefasst und verallgemeinert werden könnten:

Um die Negation eines durch direkte Operationen aufgebauten Ausdruckes zu bilden, ersetze man in diesem alle einfachen Elemente durch ihre Negationen und übersetze denselben dual, d. h. man vertausche Addition und Multiplikation.

Beweis von 18') — der von 18⁰) ist genau dual entsprechend zu führen.

Soll $a_1 b_1$ die richtige Negation von $a + b$ sein, so müssen nach 7) die beiden Relationen bestehen:

$$(a + b) a_1 b_1 = 0 \quad \text{und} \quad a + b + a_1 b_1 = 1,$$

und umgekehrt, wenn diese erfüllt sind, so ist nach 12) und 7) auch $a_1 b_1 = (a + b)_1$.

Die Richtigkeit der ersteren Relation ist nun sofort ersichtlich; für die der zweiten kann der Nachweis dadurch erbracht werden, dass man die Summe $a + b$ nach ihren Gliedern a und b entwickelt. Hier ist nämlich:
$$a + b = a(b + b_1) + b(a + a_1),$$
also nach 5'):
(H) $$a + b = ab + ab_1 + a_1 b;$$
mithin kommt $a + b + a_1 b_1 = (a + a_1)(b + b_1) = 1$, cf. (G). Man könnte übrigens auch so schliessen, indem man erst den mittleren Term zerlegte und dann die extremen vereinigte:

$$a + b + a_1 b_1 = \overline{a + ab} + \overline{a_1 b + a_1 b_1} = a + a_1 = 1.$$

Anmerkung. Die drei Terme der hierbei bewiesenen Gleichung (H), sowie auch die vier der Zerlegung von 1 in (G) entsprechen den 3 resp. 4 Theilen, in welche die Fläche $a + b$ resp. die ganze Ebene durch die Conturen von a und b zerschnitten wird:

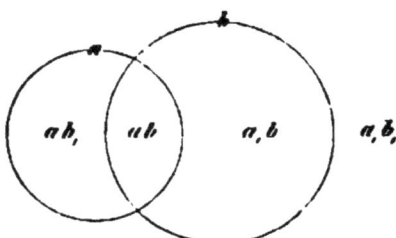

Während (H) die Formelübersetzung von „a *und* b" vorstellt, worin die Partikel „und" auch ersetzt werden kann durch das *inclu-*

sive „oder" (= „oder auch"), wird man das *exclusive* „oder" (= „oder aber"), das „oder" in „entweder a oder b" zu übersetzen haben mit
(K) $$ab_1 + ba_1.$$

Nach vorstehenden beiden Sätzen, in letzter Instanz nach 18') erhält man die Negation oft in der unbequemen Form eines Produktes von Summenausdrücken, die erst noch auszumultipliciren erübrigte. Um diese Arbeit zu sparen, bedürfen wir des weiteren Satzes, durch welchen sie allgemein verrichtet wird:

19°) *Theorem. Um die Negation eines entwickelten Ausdrucks zu bilden, ersetze man sämtliche Coefficienten einfach durch ihre Negationen.* Ist
$$f = pab + qab_1 + ra_1b + sa_1b_1,$$
so muss sein:
$$f_1 = p_1ab + q_1ab_1 + r_1a_1b + s_1a_1b_1.$$

Der *Beweis* ist sofort durch die Bemerkung erledigt, dass die für f und f_1 angegebenen Ausdrücke die Relationen:
$$ff_1 = 0 \text{ und } f + f_1 = 1,$$
nach 15°) und 14°) Schlussbemerkung, identisch erfüllen.

Heuristischer, wenn auch nicht ganz so kurz, ist folgende ebenfalls bemerkenswerthe Begründung des Satzes, bei welcher derselbe erst für den Fall eines einzigen Argumentes der Entwicklung aus 18) hergeleitet:
$$(xa + ya_1)_1 = (xa)_1 \cdot (ya_1)_1 = (x_1 + a_1)(y_1 + a) =$$
$$= x_1y_1 + x_1a + y_1a_1 + aa_1 = x_1y_1(a + a_1) + x_1a + y_1a_1 =$$
$$= x_1a(1 + y_1) + y_1a_1(1 + x_1) = x_1a + y_1a_1,$$
sodann für mehr als ein Entwickelungsargument recurrirend weiter geschlossen wird:
$$(pab + qab_1 + ra_1b + sa_1b_1)_1 = \{(pb + qb_1)a + (rb + sb_1)a_1\}_1 =$$
$$= (pb + qb_1)_1 a + (rb + sb_1)_1 a_1 = (p_1b + q_1b_1)a + (r_1b + s_1b_1)a_1 =$$
$$= p_1ab + q_1ab_1 + r_1a_1b + s_1a_1b_1.$$

Bei der Anwendung des Satzes ist eine Fehlerquelle verfänglich. Wenn nämlich in dem zu negirenden Ausdrucke einzelne Glieder von vornherein fehlen, so darf man nicht übersehen, dass deren Constituenten in der Ergänzung den Coefficienten 1 bekommen müssen. Dergleichen defekte Entwickelungen muss man also mittelst Zuziehung von Nullcoefficienten erst in Gedanken vervollständigen, und dann *sämtliche* Terme behufs Negirens ihrer Coefficienten Revue passiren lassen.

Eine Entwickelung, die hinsichtlich zweier Argumente im an-

geführten Sinne defekt ist, kann freilich hinsichtlich eines derselben schon complet sein, und findet man z. B. auch direkt, dass:
$$(ab_1 + a_1 b)_1 = ab + a_1 b_1$$
ist, und umgekehrt: $(ab + a_1 b_1)_1 = ab_1 + a_1 b$.

Vorstehende 3 einfachen Sätze sind es hauptsächlich, welche den Boole'schen arithmetisch-logischen Rechenapparat durchaus entbehrlich machen helfen — ein Apparat, welcher im wesentlichen besteht in der Aufrechterhaltung [Rechtfertigung, s. u. § 4, 40')] und Anwendung der beschwerlichen Entwickelungsschemata (D), (E), (F), ... sub 14°) für alle möglichen durch Auflösung von Gleichungen noch *nach arithmetischen Regeln* gewonnenen Ausdrücke.

20°) *Theorem.* *Die Gleichung*
$$xa + ya_1 = 0$$
ist vollkommen äquivalent mit den beiden:
$$xy = 0 \quad und \quad a = ux_1 + y$$
— *unter u eine arbiträre Klasse verstanden.* Die letzte von diesen Gleichungen lässt sich auch noch in den Formen schreiben:
$$a = (u + y)x_1, \quad a = (uy_1 + y)x_1, \quad a = ux_1 y_1 + y,$$
welche je nach den Zwecken, die man verfolgt, verschiedene Vorzüge besitzen.

Um zunächst diese verschiedenen Formen auf einander zurückzuführen, hat man einerseits zu beachten, dass
$$u + y = u(y_1 + y) + y = uy_1 + uy + y = uy_1 + y,$$
indem nach 10°) der vorletzte Term von dem letzten absorbirt wird — sowie andrerseits, dass, wofern nur die Gleichung $xy = 0$ richtig ist, auch
$$x_1 y = x_1 y + xy = (x_1 + x)y = y$$
sein muss.

Im übrigen ist behufs *Beweises* sowol zu zeigen, dass aus der ersten Gleichung des Theorems die beiden andern folgen, als auch, dass umgekehrt die letzteren zusammen die erste bedingen. Der ganze zerfällt demnach in mehrere Theilbeweise.

Beweis 1. Wir multipliciren die erste Gleichung mit x, desgleichen mit y und summiren, so kommt nach 5°):
$$xa + xya_1 + yxa + ya_1 = 0,$$
oder, weil nach der Voraussetzung die beiden äussersten Terme „sich wegheben" (d. i. zusammen 0 geben), so bleibt: $xy(a + a_1) = 0$, das ist $xy = 0$, wie zu zeigen war.

Behufs Ableitung der zweiten Gleichung stellen wir auf: den

Hilfsatz. Wenn $ab = 0$ ist, so kann $a = ub_1$ gesetzt werden, *worin u unbestimmt ist.* Diese beiden Gleichungen sind überhaupt äquivalent mit einander.

Beweis. Jedenfalls kann nach 14°) gesetzt werden: $a = vb + ub_1$ für gewisse vorderhand noch unbestimmte Klassen u und v. Multipliciren wir aber diese Gleichung mit b, so entsteht im Hinblick auf die Voraussetzung: $0 = vb$, und kann dieser Term unterdrückt, also blos $a = ub_1$ gesetzt werden. Dass alsdann aber u durch das Datum der Aufgabe nicht weiter bestimmt ist, sondern gänzlich willkürlich bleibt, folgt daraus, dass wir aus der letzten Gleichung durch Multiplikation mit b auf die erstere $ab = 0$ zurückschliessen können, welche Bedeutung auch u haben möge.

Der eben bewiesene Hilfsatz erscheint als specieller Fall des Haupttheorems 20°), wenn in diesem $x = b$ und $y = 0$ gedacht wird.

Beweis II. Nach 16°) zerfällt die Voraussetzung in $xa = 0$ und $ya_1 = 0$. Die erste von diesen Gleichungen ist nach dem Hilfsatze einerlei mit: $a = ux_1$, worin aber jetzt u nicht vollkommen beliebig ist, sondern so bestimmt werden muss, dass auch die zweite Gleichung erfüllt wird. Wir haben aber nach 18°) und 13°): $a_1 = u_1 + x$, und dies, mit y multiplicirt, gibt $0 = u_1 y + xy$, oder wegen $xy = 0$ geradezu: $0 = u_1 y$. Daraus fliesst nach dem Hilfsatze: $u_1 = vy_1$ oder $u = v_1 + y$, und Einsetzung dieses Werthes gibt: $a = (v_1 + y)x_1$, worin nun v_1 ebenso wie v vollkommen beliebig ist, und daher schliesslich auch durch das Zeichen u ersetzt werden kann, welches (von dem vorhin betrachteten unabhängig) beliebig gedacht wird. Damit ist dann aber die zu beweisende Endgleichung in der zweiten von ihren vier angegebenen und bereits aufeinander zurückgeführten Formen gewonnen.

Dass u nun in der That auch vollkommen beliebig bleibt, folgt nochmals mit aus

Beweis III. Wenn umgekehrt $a = ux_1 + y$ und $xy = 0$ ist, so haben wir: $a_1 = (u_1 + x)y_1$, mithin
$$xa + ya_1 = x(ux_1 + y) + yy_1(u_1 + x) = xy = 0,$$
also gilt dann auch die ursprüngliche Gleichung $xa + ya_1 = 0$, welches immer die Bedeutung von u gewesen sein mochte.

Anmerkung. Es kommt nicht selten vor, dass in dem Endresultat $a = ux_1 + y$ der den arbiträren Faktor u enthaltende Term ux_1 gänzlich unterdrückt und rundweg $a = y$ geschrieben werden kann. Als hinreichende Bedingung für diese Resorption des arbiträren Termes erkennt man aus der vierten Form der Endgleichung die Aunahme $x_1 y_1 = 0$. Diese Bedingung ist auch nothwendig, denn aus

$ux_1 + y = y$ folgt durch Multiplikation mit y_1, dass $ux_1y_1 = 0$ sein müsse *für jedes u*, somit auch für $u = 1$.

So oft demnach, ausser $xy = 0$, auch noch $x_1y_1 = 0$ ist, haben wir einfacher: *a = y*, und vice versa.

Der Lehrsatz 20°) ist nun das *Haupttheorem*, in welchem der ganze Logikkalkul gipfelt.

Dasselbe setzt uns in den Stand, aus einer beliebigen Gleichung eine beliebige Klasse *a* zu *climiniren*. Wie wir in 14°) sahen, kann die Gleichung immer in der Form $xa + ya_1 = 0$ geschrieben werden, und ist dann $xy = 0$ die *Resultante* der Elimination von *a*.

Und ferner können wir nach ihm jede verlangte Klasse *a* aus der Gleichung selbst *berechnen*, die Gleichung nach dieser Unbekannten *auflösen* — eine Aufgabe, die im allgemeinen nicht völlig bestimmt ist; es umfasst der Ausdruck: $a = ux_1 + y$ für ein von „nichts" bis „alles" variirendes *u* die sämtlichen *Wurzeln a* der Gleichung.

Was von der *einen* Gleichung gesagt ist, gilt auch *für jedes System von (logischen) Gleichungen*, da ein solches nach 16°) und 17°) stets einer einzigen Gleichung äquivalent ist, welche die in den gegebenen Gleichungen vorkommenden Klassensymbole nebst deren Negationen lediglich als *multiplikative* oder *additive* Operationsglieder enthält. Ich will die genannte - die stellvertretende oder *vereinigte Gleichung* des ganzen Systems nennen. Der gewöhnlich axiomatisch angenommene Satz, dass *die Reihenfolge und Gruppirung der Prämissen für die Conclusion gleichgültig* sei, läuft darnach einfach hinaus auf die Inanspruchnahme des Commutations- und Associationsgesetzes 2') und 3') für die Terme der vereinigten Gleichung.

Wie ferner ein erstes, so lässt auch ein zweites und darnach ein drittes u. s. w. Klassensymbol sich aus dem Systeme der Gleichungen, das ist aus der vereinigten Gleichung, eliminiren, mithin überhaupt ein jedes *System von Klassensymbolen*. Denkt man sich das Polynom der vereinigten Gleichung „entwickelt" nach den zu eliminirenden Symbolen, so ist es leicht, den Satz zu beweisen, dass allgemein *die Resultante der Elimination eines beliebigen Systems von Klassen aus einem Gleichungensystem gefunden wird*, indem man das *Produkt der Coefficienten* (dieser nach den Eliminanden entwickelten vereinigten Gleichung) *= 0 setzt*.

So ist in der That $pqrs = 0$ die Resultante der Elimination von *a* und *b* aus der Gleichung:
$$pab + qab_1 + ra_1b + sa_1b_1 = 0,$$
und so weiter. *Die Reihenfolge und Gruppirung der successiven par-*

tiellen oder *Einzeleliminationen* von Klassen oder untergeordneten Systemen solcher, die man etwa anstatt der simultanen Elimination des ganzen Systems exekutiren mag, kann hiernach ebenfalls *als eine irrelevante nachgewiesen* werden.

Um übrigens das Geschäft der Entwickelung der vereinigten Gleichung nicht bis zu Ende durchführen zu müssen, kann es Vortheil gewähren, noch Hilfsätze aufzustellen — deren vollständige Darlegung ich hier nicht beabsichtige. Ich begnüge mich mit dem Hinweise darauf, dass schon bei *einem* Eliminanden die Herstellung der homogenen Form nicht erforderlich ist, indem als Eliminationsergebniss von a aus der Gleichung $xa + ya_1 + z = 0$ die $xy + z = 0$ gemerkt werden kann, sonach der constante (d. i. der von a unabhängige) Term nur einfach abgetrennt und alsdann der nach der früheren Regel gebildeten resultirenden Gleichung wieder unverändert zugefügt zu werden braucht. Aehnlich sei beispielsweise noch $pq + rs = 0$ angeführt als das Ergebniss der Elimination von a, b aus der Gleichung $pa + qa_1 + rb + sb_1 = 0$.

Von Wichtigkeit ist indess die Bemerkung, dass die Ergebnisse der Elimination eines Symbols a aus mehreren getrennten Gleichungen, die wir uns schliesslich zu einem einzigen Ausspruche zusammengefasst denken wollen, doch weniger umfassend sind, als die Resultante seiner Elimination aus der vereinigten Gleichung von jenen. Z. B. wird a aus jeder der beiden Gleichungen
$$xa + ya_1 = 0 \quad \text{und} \quad pa + qa_1 = 0$$
gesondert eliminirt, so lautet die Zusammenfassung der Eliminationsergebnisse:
$$xy + pq = 0,$$
— gerade so, wie sie auch lauten würde, wenn in der zweiten Gleichung b, b_1 statt a, a_1 gestanden wäre und man diese vier Grössen eliminirt hätte; dagegen ist die Resultante der Elimination von a aus der vereinigten Gleichung:
$$(x + p)(y + q) = xy + xq + yp + pq = 0$$
umfassender als die vorige, indem sie ausser $xy = 0$ und $pq = 0$ auch noch besagt — was daraus allein nicht folgen würde —, dass auch $xq = 0$ und $yp = 0$ sein muss.

Es ist also nicht gleichgültig, ob man erst vereinigt und dann eliminirt, oder ob man erst eliminirt und dann vereinigt. Um das *volle* Eliminationsergebniss zu gewinnen, muss man die erstere Geschäftsordnung einhalten. Nur bei solchen Gleichungen, die den Eliminanden gar nicht enthalten, ist deren nachträgliche Heranziehung gestattet: $xa + ya_1 = 0$ und $z = 0$ gibt auf beide Arten: $xy + z = 0$.

Mit den einfachen Mitteln des Theorems 20⁰) *sind wir* nicht nur *im Stande*, ein einzelnes Klassensymbol, sondern überhaupt *jede logische Funktion* $f(a, b, c \ldots)$ *eines verlangten Systems* $a, b, c, \ldots$ *solcher Klassensymbole zu berechnen*, nämlich dieselbe auszudrücken durch ein beliebiges System von anderen Klassensymbolen.

Zu dem Ende eliminire man jedenfalls zuerst die ausser Betracht gebliebenen Symbole, welche weder zu den letzteren gehören, noch in dem Funktionsausdruck f vorkommen, aus dem gegebenen System von Gleichungen. Alsdann bezeichne man den erwähnten Funktionsausdruck mit dem Namen eines neuen Klassensymbols — ich will sagen mit ω. Hierdurch tritt einfach die Gleichung $\omega = f(a, b, c, \ldots)$ zu dem gegebenen System, resp. zur letzteren Eliminationsresultante hinzu, und ist die Aufgabe darauf zurückgeführt, das neue Gleichungssystem unter Elimination von $a, b, c, \ldots$ nach der Unbekannten ω aufzulösen, das ist eben auf die schon in 20⁰) gelöste Aufgabe, ein einfaches Klassensymbol zu berechnen. Jene Aufgabe, eine gegebene Funktion von unbekannten Symbolen zu finden, ist daher im Logikkalkulgebiet nur scheinbar allgemeiner als diese auf *ein* unbekanntes Symbol bezügliche Aufgabe, und ist sie hiermit ebenfalls theoretisch erledigt.

Während in der Arithmetik die Anzahl der zu berechnenden oder zu eliminirenden Unbekannten in Beziehung steht zu der Anzahl der disponiblen Gleichungen, *sind im Logikkalkul*, wie man sieht, *das Eliminations- sowol als das Auflösungsproblem vollkommen unabhängig von der Zahl der gegebenen Gleichungen lösbar*, und besitzt überhaupt diese Disciplin den seltenen Vorzug, dass sie die allgemeinste Aufgabe, welche innerhalb des Rahmens derselben erdacht werden kann, auch wirklich löst. Dieselbe dürfte aus diesem Gesichtspunkte als die vollkommenste nicht minder wie als die elementarste Disciplin zu bezeichnen sein.

Mit dem bisherigen scheint mir alles das erledigt zu sein, was für die *Technik* des Kalkuls von Wichtigkeit ist [mit Ausnahme der auf die „Interpretation" bezüglichen Bemerkungen].

Ich werde mir jedoch in § 4 erlauben, noch weitere Betrachtungen — mit aus dem gegenwärtigen Paragraphen fortlaufenden Nummern — anzufügen, denen meiner Meinung nach einiges theoretisches Interesse zukommt, und schliesse die gegenwärtige Aufzählung mit der Anführung des Theorems von Robert Grassmann[7] S. 13, als eines solchen, welches (abgesehen von einem Buchstabenwechsel) seiner eigenen Umkehrung dual entspricht. Dasselbe lautet:

21°) *Theorem.* Wenn $ab = a$ ist, so muss $a + b = b$ sein.
Beweis. $a + b = ab + b = b$ nach (10°).

21') *Theorem.* Umgekehrt, wenn $a + b = b$ ist, muss auch $ab = a$ sein.
Beweis. $ab = a(a + b) = a$ nach 10').

Die beiden nach diesem Satz einander gegenseitig bedingenden Gleichungen sind, wie man leicht sieht, äquivalent mit:
$$ab_1 = 0,$$
und drücken einfach die *Unterordnung* des Begriffes a unter den b aus.

§ 3.

Zur Illustration und als Anwendung der vorstehenden Theorie gebe ich mit allen Zwischenrechnungen die Lösung der von Boole[1]) S. 146—149 gestellten

Aufgabe. Es werde angenommen, dass die Beobachtung einer Klasse von Erscheinungen (Natur- oder Kunsterzeugnissen, z. B. Substanzen) zu den folgenden allgemeinen Ergebnissen geführt hat.

α) *Dass, in welchem auch von diesen Erzeugnissen die Merkmale oder Eigenschaften A und C gleichzeitig fehlen, das Merkmal E gefunden wird, zusammen mit einem der beiden Merkmale B und D, aber nicht mit beiden.*

β) *Dass, wo immer die Merkmale A und D in Abwesenheit von E gleichzeitig auftreten, die Merkmale B und C entweder beide sich vorfinden oder beide fehlen.*

γ) *Dass überall, wo das Merkmal A mit dem B oder E, oder mit beiden zusammen besteht, auch entweder das Merkmal C vorkommt oder das D, aber nicht beide. Und umgekehrt, überall wo von den Merkmalen C und D das eine ohne das andere wahrgenommen wird, da soll auch das Merkmal A in Verbindung mit B oder mit C, oder mit beiden zugleich auftreten.*

Es möge nun verlangt sein, dass ermittelt werde:

erstens, was in jedem gegebenen Falle aus der erwiesenen Gegenwart des Merkmals A in Bezug auf die Merkmale B, C und D geschlossen werden kann,

zweitens auch zu entscheiden, ob irgendwelche Beziehungen unabhängig von der An- oder Abwesenheit der übrigen Merkmale bestehen zwischen derjenigen der Merkmale B, C, D (und bejahendenfalls welche?),

drittens in ähnlicher Weise zu beantworten, was aus dem Vorhandensein des Merkmals B folgt in Bezug auf A, C, D, und endlich

viertens zu constatiren, was für letztere A, C, D an sich folgt.

Man bemerkt, dass in jedem der 3 Data α), β), γ) die bezüglich der Merkmale A, B, C, D gegebene Auskunft verquickt erscheint mit einem andern Element E, über welches wir in unseren Schlussfolgerungen nichts zu sagen wünschen. Es wird deshalb erforderlich sein, das der Eigenschaft E entsprechende Symbol zu eliminiren aus dem System der Gleichungen, in welches sich die Daten einkleiden lassen werden.

Die ganze Klasse der Fälle von Erscheinungen, in welchen sich eines der Merkmale A, B, C ... vorfindet, werde nun mit dem entsprechenden Buchstaben des kleinen lateinischen Alphabets bezeichnet.

Um nicht auf ein weitläufiges Gebiet von Betrachtungen mich einlassen zu müssen, will ich an dieser Stelle darauf verzichten, über die „*Interpretation*", d. h. die Einkleidung der Data in Formeln, sowie auch die Rückübersetzung der Formelergebnisse in die Wortsprache, allgemeine Principien aufzustellen — um so mehr, als ich glaube, das hier einschlägige der Divination des Lesers ohne weiteres überlassen zu können, und es mir vor allem nur darum zu thun ist, den Gang des Kalkuls darzulegen, wie er sich auf dem von uns eingenommenen Standpunkte im Gegensatz zu dem Boole'schen nunmehr einfacher gestaltet.

Im engsten Anschluss an den Worttext übersetzen sich unsere Data α), β), γ) bezüglich in die nachstehenden Gleichungen der ersten Colonne:

α^0) $a_1 c_1 = x e (b d_1 + b_1 d)$, α') $a_1 c_1 (e_1 + b d + b_1 d_1) = 0$,

β^0) $e_1 a d = y (b c + b_1 c_1)$, β') $a d (b c_1 + b_1 c) e_1 = 0$,

γ^0) $a (b + c) = c d_1 + c_1 d$, γ') $a (b + c)(c d + c_1 d_1) +$
$+ (c d_1 + c_1 d)(a_1 + b_1 e_1) = 0$,

in welchen x, y unbestimmte Klassen vorstellen. Als zweite Colonne haben wir dieselben auf 0 gebrachten Gleichungen daneben geschrieben, wo bei den beiden ersteren diese Operation verbunden worden ist mit der Elimination jener unbestimmten Klassensymbole x, y, gemäss dem „Hilfssatze" unter 20^0).

Das Ergebniss der Elimination von e besteht nach S. 23 nun aus dem von e, e_1 freien Gliede der Summe dieser letzteren drei Gleichungen:

$$a_1 c_1 (b d + b_1 d_1) + a b (c d + c_1 d_1) + a_1 (c d_1 + c_1 d),$$

dessen erster Term $a_1 c_1 d b$ noch in den letzten $a_1 c_1 d$ nach dem Absorptionsgesetze eingeht, vermehrt um das Product der Coefficienten von e und e_1 — das Ganze gleich Null gesetzt. Der Coefficient von e ist aber gleich $a(c d + c_1 d_1)$, der von e_1 ist gleich

$$a_1 c_1 + ad(bc_1 + b_1 c) + b_1(cd_1 + c_1 d) ;$$

das Produkt beider ist gleich $ab_1 cd$, also die Resultante:

$$a_1(cd_1 + c_1 d + b_1 c_1 d_1) + a(bcd + bc_1 d_1 + b_1 cd) = 0,$$

oder durch Zusammenziehung zweier Terme:

δ) $\qquad a(cd + bc_1 d_1) + a_1(cd_1 + c_1 d + b_1 c_1 d_1) = 0.$

Das Produkt der Coefficienten von a und a_1 in dieser Gleichung verschwindet nach 7°) identisch; die Elimination von a aus ihr führt also auf $0 = 0$, womit in Beantwortung der *zweiten* Frage bewiesen ist, dass *zwischen den Merkmalen B, C und D* für sich hinsichtlich ihrer An- oder Abwesenheit *keine unabhängige Beziehung besteht*. Die Gleichung δ) ist darnach äquivalent ihrer Auflösung nach a. Als solche findet sich geradezu:

ε) $\qquad\qquad a = cd_1 + c_1 d + b_1 c_1 d_1 ,$

da auch die Negationen der Coefficienten von a und a_1 in δ) disjunkt sind [vgl. die „Anmerkung" zu 20°)]; betrachtet als entwickelt nach den Symbolen c, d erscheint nämlich der eine Coefficient geradezu als die Negation des andern.

Das Ergebniss ε), welches nebenbei auch in den äquivalenten Formen:

$$a = cd_1 + c_1 d + b_1 c_1 = cd_1 + c_1 d + b_1 d_1 = cd_1 + c_1 d + b_1 (c_1 + d_1)$$

angeschrieben werden könnte, beantwortet nun die *erste* der gestellten Fragen, und zwar dahin: *Wo immer das Merkmal A zu finden ist, muss auch das Merkmal C oder das D vorliegen, aber nicht beide zugleich, oder aber es müssen beide zusammen mit dem Merkmal B fehlen*, und umgekehrt: *wo die Merkmale B, C, D alle drei fehlen, sowie auch, wo von den Merkmalen C, D das eine ohne das andere vorliegt, da muss auch das Merkmal A sich finden.*

Des weiteren muss nun b aus der Resultante δ) eliminirt werden; es folgt unmittelbar:

ζ) $\qquad\qquad acd + a_1 cd_1 + a_1 c_1 d = 0 ,$

wonach die Gleichung δ) sich vereinfacht zu $b \cdot a c_1 d_1 + b_1 \cdot a_1 c_1 d_1 = 0$, und daraus gemäss dem vierten Auflösungsschema sub 20°) sich berechnet: $b = (a_1 + c + d)(a + c + d)v + a_1 c_1 d_1$ oder

η) $\qquad\qquad b = (c + d)v + a_1 c_1 d_1$

für eine unbestimmte Klasse v. Man wird bemerken, dass dieses Ergebniss einfacher ist als das von Boole angegebene, wie denn auch in dieser Richtung ein Vorzug unsrer Behandlungsweise vor der Boole-schen nachweisbar ist. Letzterer nämlich findet:

$$b = (a_1 cd + a cd_1 + a c_1 d)v + a_1 c_1 d_1 ,$$

eine Form, die aus unserer Gleichung η) durch Entwicklung nach den Symbolen a, c, d unter Berücksichtigung von ζ) abgeleitet werden könnte, am raschesten aber zu gewinnen ist, wenn man den Koefficienten von b in der homogen gemachten Resultante δ) einfach als ein nach c, d entwickeltes Aggregat negirt, und den vom zweiten Term desselben herrührenden Theil in das von v freie Glied einverleibt.

In Worten beantwortet sich unsere *dritte* Frage nun nach η) wie folgt: *Bei Anwesenheit des Merkmals B muss auch C oder D vorliegen, oder aber C und D müssen mit A zugleich fehlen. Umgekehrt: wenn A, C und D gleichzeitig fehlen, so findet sich B.*

Das Ergebniss ζ) ist endlich äquivalent seiner Auflösung nach a:

ϑ) $\qquad a = w(c_1 + d_1) + cd_1 + c_1 d = wc_1 d_1 + cd_1 + c_1 d$

— unter w eine unbestimmte Klasse verstanden — und lehrt, *dass aus der Anwesenheit von A geschlossen werden kann auf die Abwesenheit von wenigstens einem der beiden Merkmale C, D, und umgekehrt aus dem Auftreten von einem der letzteren Merkmale allein (ohne das andere) geschlossen werden kann auf die Anwesenheit von A* — in Beantwortung der letzten von unseren Fragen.

Noch grösser als bei vorliegendem ist der Contrast der Boole'schen Rechenarbeit mit der unsrigen bei einem andern von ihm auf S. 118 —120 und 128—129 behandelten Problem, bei welchem es darauf ankommt, aus den Prämissen:

$$ab = x(cd_1 + c_1 d), \quad bc = y(ad + a_1 d_1), \quad a_1 b_1 = c_1 d_1$$

die Schlüsse zu ziehen:

$$a_1 b_1 c + abc = 0, \quad a = uc_1 + b_1 c, \quad [b = vc_1 + a_1 c], \quad c = w(ab_1 + a_1 b),$$

ein Problem, welches aber nicht so vielerlei interessante Wechselfälle darbietet.

§ 4.

Ich gehe dazu über, die Theorie der vier Species des Logikkalkuls zu vervollständigen und also die Frage nach dem Begriffe und den Gesetzen *der beiden inversen Operationen* zu beantworten. Des Dualismus wegen braucht blos die eine derselben besprochen zu werden, und gebe ich dabei der Subtraktion vor der Division den Vorzug, also diesmal der ersten Stufe vor der zweiten. Da jedoch, wo ich eine Vergleichung zwischen beiden Operationen veranlassen will, oder wo es sich um die Grundlegung dazu handelt, werde ich sie beide berücksichtigen.

Gemäss dem auf anderen Gebieten herrschenden Herkommen sind die gedachten Operationen durch ihren Gegensatz zu den direkten einzuführen, nämlich Differenz und Quotient resp. zu definiren als die Auflösung der Gleichung:

22') $\quad c + b = a,$ | 22⁰) $\quad cb = a,$

nach der Unbekannten c.

Die Methode dieser Auflösung ist in § 2 gelehrt, und wissen wir darnach, dass die Wurzeln dieser Gleichungen ∞ vieldeutig sein werden. Indem ich mir die Ausdrücke $a - b$ und $a : b = \frac{a}{b}$ für eine bestimmte völlig eindeutig zu erklärende und weiter unten genauer specificirte Partikularlösung der betreffenden Gleichung reservire, will ich die *vollständige* oder *allgemeine* Auflösung der in Rede stehenden Gleichung mit:

23') $\quad c = a \div b$ | 23⁰) $\quad c = a :: b$

bezeichnen und im Gegensatz zu irgend welchen Partikularlösungen die *volldeutige* Differenz | den *volldeutigen* Quotienten

nennen. In den Ausdrücken 23) dürfen übrigens die Klassen a und b nicht als beliebig oder auf's Gerathewohl gegebene angesehen werden, da die als Vorbedingung zur Bildung jener Ausdrücke angenommenen Gleichungen 22) eine Voraussetzung bezüglich dieser Klassen involviren. Die gedachte Voraussetzung ergibt sich durch regelrechte Elimination des Symbols c aus 22), und zwar springt als deren Resultante hervor:

24') $\quad a_1 b = 0.$ | 24⁰) $\quad a b_1 = 0.$

Wie zunächst hieraus zu sehen ist, sind die beiden inversen Species des Logikkalkuls *keine unbedingt ausführbaren* Operationen; ihre Ausführbarkeit ist vielmehr an eine Bedingung 24) geknüpft, und erst in Verbindung mit dieser Gleichung vermag die 23) völlig die Gleichung 22) zu ersetzen.

Die Gleichung 24) — die linkerhand z. B. —, welche eine Mitbedingung für die Zulässigkeit der Annahme 22') oder die Vorbedingung dafür bildet, dass überhaupt von einer Differenz von a und b die Rede sein kann, will ich die *Werthigkeits-* oder *Valenzbedingung* dieses Ausdrucks nennen, da sie schon erfüllt sein muss, wenn der Name $a \div b$ nur einen Sinn haben, wenn der Differenz eine Bedeutung oder ein Werth überhaupt zukommen soll. Diese Valenzbedingung muss die nämliche sein für die volldeutige Differenz wie für jede Partikularisirung derselben, mithin auch für die weiter unten eindeutig erklärte $a - b$, und werden wir ihre Geltung, so oft wir fortan eine Differenz setzen, stillschweigend angenommen denken.

Dann aber können wir sagen, dass die Gleichungen 22) und 23) einander gegenseitig bedingen, und es darf also ein Summand zunächst nur mittelst *volldeutiger* Subtraktion transponirt, d. h. auf die andere Seite des Gleichheitszeichens als Subtrahend geschafft werden.

Als Werth von c findet sich nun in der genannten Weise:

$$25') \quad a \div b = ab_1 + ub \qquad 25^0) \quad a :: b = (a + b_1)(u + b)$$
$$= a(b_1 + u) \qquad \qquad = a + ub_1$$
$$= ab_1 + uab \qquad \qquad = ab + ua_1b_1$$

für ein *unbestimmtes* u — woferne nämlich gehörig Rücksicht genommen wird auf die Valenzbedingung 24).

So lange, als über die gesuchte Klasse c in 23) keine andere Relation bekannt ist, als die Gleichung 22), ist die Klasse u natürlich anzusehen als eine völlig beliebige, *arbiträre*. Durch anderweitige Aufschlüsse, die über den gesuchten Summanden c noch ausserdem gegeben werden oder schon gegeben sind — so namentlich, wenn c von vornherein bekannt sein sollte — kann u noch weitere Bestimmungen erfahren, und in concreten Fällen seines unbestimmten Charakters sogar gänzlich entkleidet werden. So würde es falsch sein, aus $a = a + 0$ nach unseren Regeln den Schluss zu ziehen, dass $a \div a$, das ist eben ua, gleich Null sein müsse *für ein arbiträres u*; da der zu berechnende Summand c oder 0 hier absolut bestimmt ist, haben wir vielmehr zu lernen, dass u oder wenigstens ua hier $= 0$ zu nehmen ist. Wird eine anderweitig bestimmte Klasse durch Transposition einer andern isolirt, so muss auch die andere Seite der Gleichung eine völlig bestimmte Klasse vorstellen, der arbiträre Term also eine solche Bestimmung erfahren, dass er nach den Regeln des Logikkalkuls eingeht.

Wir haben sonach die allgemeinen Folgerungen:

$$26') \quad \begin{cases} a \div a = ua, \\ a \div 0 = a, \end{cases} \qquad 26^0) \quad \begin{cases} a :: a = a + u, \\ a :: 1 = a, \end{cases}$$

und ferner sind speciell hervorzuheben die Werthe:

$$27') \quad \begin{cases} 0 \div 0 = 0, \\ 1 \div 0 = 1, \end{cases} \qquad 27^0) \quad \begin{cases} 1 :: 1 = 1, \\ 0 :: 1 = 0, \end{cases}$$

welche durchaus eindeutig bestimmt erscheinen, sowie die:

$$28') \quad 1 \div 1 = u, \qquad 28^0) \quad 0 :: 0 = u,$$

welche ∞ vieldeutig oder genauer ausgedrückt geradezu „*alldeutig*" sind.

Ausdrücke wie $0 \div 1$ und $1 :: 0$ dagegen würden als *undeutige* zu erklären sein, d. h. nicht den geringsten Sinn haben, wenn je eine Veranlassung zur Bildung derselben vorläge.

Von den in 25) zusammengefassten Partikularlösungen der Gleichungen 22) sind zwei specielle besonders hervorhebenswerth, nämlich die *weiteste*, welche sich für $u = 1$, und die *engste*, welche sich für $u = 0$ ergibt — wobei indessen nicht zu übersehen ist, dass der Dualismus erfordert, dem Falle $u = 1$ bei der einen den $u = 0$ bei der andern Operation gegenüberzustellen.

Als die eine stellt sich heraus

für $u = 1$:	für $u = 0$:
29') a minus $b = a$,	29⁰) a durch $b = a$,
d. h. die (eindeutig erklärte) „Maximaldifferenz" ist gleich ihrem Minuenden.	der „Minimalquotient" ist einerlei mit dem Dividenden.

Es hat demnach kein Interesse, die formalen Gesetze der entsprechenden Operationen, nämlich dieser (eindeutigen) „Maximalsubtraktion" und der „Minimaldivision" weiter zu verfolgen.

Bei der andern Annahme erhalten wir dagegen

für $u = 0$:	für $u = 1$:
30') $a - b = ab_1$.	30⁰) $a : b = a + b_1 = \frac{a}{b}$.

Diese Ausdrücke, nämlich die hierdurch eindeutig erklärte

| *Minimaldifferenz* | der *Maximalquotient* |

— gewissermassen die *Haupt-* oder *Principalwerthe* der volldeutigen oder Generalwerthe 25) — sollen Differenz und Quotient schlechthin genannt und mit den gewöhnlichen Subtraktions- oder Divisionszeichen dargestellt werden. Als „eindeutige" Subtraktion resp. Division bezeichnen wir die zu ihrer Bildung dienenden Operationen.

Insbesondere folgt nun aus 30):

| 31') $\quad 1 - b = b_1$, | 31⁰) $\quad \frac{0}{b} = b_1$, |

und gilt daher:

$$32) \quad 1 - a = \frac{0}{a}$$

als ein gemeinschaftlicher Ausdruck für a_1 oder für die Negation von a. Dies ist zugleich (im Grunde) *die einzige Gleichung des Logikkalkuls, welche zu sich selbst dual ist.*

Da die Valenzbedingung in dem vorliegenden Specialfalle sich auf eine Identität reducirt, kann von derselben hier abgesehen werden; die Subtraktion einer Klasse von der 1 ist unbedingt ausführbar u. s. w.

Mit Rücksicht auf 31) hätten die fundamentalen Sätze 7) und 13) nun auch in folgenden Formen angeschrieben werden können, in deren einigen es nützlich ist, sie gesehen zu haben:

$33^0)\quad a(1-a)=0 \qquad\qquad\qquad a+\dfrac{0}{a}=1$

$\qquad\qquad a\cdot\dfrac{0}{a}=0 \qquad\qquad 34')\quad a+(1-a)=1$

$\qquad\quad 0:\dfrac{0}{a}=a \qquad\qquad\; 35')\quad 1-(1-a)=a$

$\qquad\quad \dfrac{0}{1-a}=a \qquad\qquad\qquad\; 1-\dfrac{0}{a}=a$

Der Ausdruck 30), mit c bezeichnet, ist bezüglich die Auflösung des folgenden Paares von Gleichungen:

$36')\quad c+b=a,\quad cb=0, \qquad 36^0)\quad cb=a,\quad c+b=1,$

durch welches also:

$37')\quad c=a-b\;[=a(1-b)] \qquad 37^0)\quad c=\dfrac{\cdot a}{b}\;[=a+(1-b)]$

vollkommen unzweideutig bestimmt ist. Wie von 36) auf 37), so kann auch umgekehrt von 37) auf 36) zurückgeschlossen werden, sobald man die Valenzbedingung 24) hinzuzieht, d. h. sobald man die in der Voraussetzung 37') doch sicher miteingeschlossene Annahme gelten lässt, dass die gegebenen Ausdrücke einen Sinn haben. Dies gibt uns den für einen Kalkul der inversen Operationen fundamentalen Satz:

Ein Summand der einen Seite einer logischen Gleichung darf mittelst eindeutiger Subtraktion als Subtrahend immer dann (jedoch auch nur dann) transponirt werden, wenn derselbe mit den übrigen Gliedern der vorausgesetzten Summe disjunkt ist, oder wenn die Summe, wie ich sagen will, eine *reducirte* ist.

Ein Subtrahend dagegen — gleichviel ob er einer eindeutigen oder einer volldeutigen Differenz angehörig — darf immer als Summand versetzt werden.

Speciell folgt hiernach leicht aus 9), dass

$38')\quad a-0=a,\quad a-a=0 \qquad 38^0)\quad \dfrac{a}{1}=a,\quad \dfrac{a}{a}=1$

ist, theilweise im Gegensatz zu 26).

Eine Gleichung, wie $a=b$, kann nunmehr auch in der Form $a-b=0$ geschrieben werden, weil dieses einerseits die Valenzbedingung $a_1 b=0$ involvirt, und andrerseits direkt ausspricht, dass $ab_1=0$ sein solle, cf. 17^0).

Durch die Coexistenz der Gleichungen 36) und 37) findet sich unsere Definition der eindeutigen Differenz, die wir oben durch Partikularisiren der volldeutigen gewannen, noch einmal selbständig ausgedrückt: Weiss man von einer Klasse c nur das eine, dass ihre

Summe mit einer gegebenen b eine andere a liefert, so ist c noch nicht vollständig bekannt; wohl aber ist der gesuchte Summand c vollkommen bestimmt, $= a - b$, wenn man ferner weiss, dass er den andern b ausschliesst, dass also bc gleichzeitig 0 ist.

Die in $a - b$ vorgeschriebene logische Operation besitzt einen sehr geläufigen sprachlichen Ausdruck in Gestalt der Partikel: *„ausgenommen"*, *„ohne"*, indem $a - b$ die Klasse der a mit Ausschluss der b vorstellt, und die Valenzbedingung 24') die Voraussetzung ausspricht, dass diese ganz in jener enthalten sei. Es ist darnach gerechtfertigt, dass wir die Subtraktion als eine *Exception* bezeichneten.

Für die logische Division hat die Sprache keinen entsprechenden Ausdruck, doch begreift man leicht, dass sie auf eine *Abstraktion* in der That hinausläuft, indem behufs Ueberganges von einer Klasse cb zu der c, man *absehen* muss von den für die Klasse b charakteristischen Merkmalen.

Von den nun für die eindeutige Subtraktion geltenden Gesetzen will ich das Distributionsgesetz in den Vordergrund stellen:

39') $\qquad a(b - c) = ab - ac.$

[*Beweis.* $a(b - c) = abc_1$ und $ab - ac = ab(a_1 + c_1) = abc_1$]; denn von diesem wird bei den Discussionen des gemeinen Lebens allgemein Gebrauch gemacht, weshalb auch Boole als auf ein Axiom sich auf dasselbe stützte. Im Hinblick auf dieses erscheint ihm der Satz des Widerspruchs 7°) oder 33°) $a(1 - a) = 0$ als weiter nichts wie eine Umschreibung des „specifischen" Gesetzes 5°) $a = aa$. Zu bemerken ist jedoch, dass die Valenzbedingungen für beide Seiten der Gleichung 39') verschieden sind; für die linke Seite nämlich: $b_1 c = 0$ und für die rechte blos $(a_1 + b_1)ac$ oder $ab_1 c = 0$. Man kann daher durch unbedachte Anwendung des Satzes in Fehler kommen und es ist z. B. $aa - a$ *nicht* $= a(a - 1)$, weil die Valenzbedingung für die Differenz $a - 1$, das ist $a_1 = 0$, im allgemeinen nicht erfüllt ist, während andrerseits $aa - a$ sehr wohl einen Sinn, nämlich den Werth 0 besitzt.

Hinsichtlich der sonstigen Gesetze der logischen Subtraktion, welche den Vergleich mit denen der arithmetischen herausfordern, will ich mich auf die Besprechung der folgenden 4 Gruppen von Formeln der *Arithmetik* beschränken, in Gestalt von welchen die auf nicht mehr als drei allgemeine Zahlen bezüglichen Gesetze der Operationen erster Stufe vollständig zusammengefasst erscheinen.

I. $(a - b) + b = (a + b) - b = b - (b - a) = a$.

II. $\begin{cases}(a + b) - c = a + (b - c) = a - (c - b) = \\ \quad = (a - c) + b = b - (c - a)\end{cases}$

III. $\begin{cases} a - (b + c) = (a - b) - c = \\ \quad = (a - c) - b\,.\end{cases}$

IV. $\begin{cases} a-b=(a+n)-(b+n)=(a-n)-(b-n)=(n-b)-(n-a)=(a-n)+(n-b)\,, \\ a+b=(a+n)+(b-n)=(a+n)-(n-b)= \\ \quad =(a-n)+(b+n)=(b+n)-(n-a)\,.\end{cases}$

Nach 30') können wir für jeden der hier einander gleichgesetzten Ausdrücke den Werth angeben, nach 24') seine Valenzbedingungen anschreiben, diese auch nach 16°) zu einer einzigen Gleichung vereinigen; mit Rücksicht auf diese können wir endlich jeden Ausdruck nöthigenfalls entwickeln nach den Symbolen, aus welchen er aufgebaut ist.

Dabei stellt sich nun das auffallende Ergebniss heraus, dass von den durch Vergleichung der arithmetischen Ausdrücke unter sich gewonnenen Gleichungen so ziemlich die *Hälfte* auch in der Logik Geltung hat unter der Voraussetzung, dass die Ausdrücke beiderseits gleichzeitig einen Sinn besitzen, d. h. unter den aus dem Anblick der beiden Seiten selbst ersichtlichen Valenzbedingungen.

Unter Zugrundelegung derselben Annahme bedarf die andere Hälfte der Gleichungen, um in der Logik gültig zu werden, der Zufügung eines *Correktionsgliedes* auf der einen Seite derselben — welches selbst eines allgemeinen Ausdrucks fähig ist.

Es würde mich zu weit führen, wenn ich für alle Combinationen der vorstehend verglichenen Ausdrücke dies hier im einzelnen rechtfertigen wollte. Jede von den einschlägigen Untersuchungen nebst ihrer geometrischen Deutung kann als eine interessante Uebung für den Anfänger empfohlen werden. Von den nicht unmodificirt geltenden Sätzen sei deshalb nur weniges speciell hervorgehoben. Wir haben insbesondere:

ad I. $(a + b) - b = a - ab$ oder $a - b$; Correctionsglied $- ab$ oder $- b$.

ad II. $a + (b - c) = [(a + b) - c] + ac$; Correctionsglied ac.

ad III. gelten die algebraischen Sätze ganz unverändert, was nicht Wunder nehmen wird im Hinblick darauf, dass nach meinen formalen Untersuchungen [*)] S. 284 die Sätze dieser Gruppe mit den reinen Gesetzen der direkten Operationen am unmittelbarsten zusammenhängen.

ad IV. $(a + n) - (b + n) = (a - b)(1 - n)$;

Correktionsglied $-n(a-b)$; hieraus ersieht man, dass ein übereinstimmender Bestandtheil von Minuend und Subtrahend einer Differenz jedenfalls dann unterdrückt, die Differenz also immer dann mit ihm gekürzt werden darf, wenn derselbe gegen die anderen Bestandtheile disjunkt, wenn nämlich $na = 0$ und $nb = 0$ ist: *Beim Subtrahiren reducirter Summen von einander sind übereinstimmende Terme unbedenklich zu streichen.*

Statt nach den Gesetzen der eindeutigen kann man auch nach denen der volldeutigen Subtraktion fragen.

Es ergeben sich die Werthe der nachstehend untereinander gestellten Elementarausdrücke, wenn man die rechts neben sie gestellten Gleichungen, eventuell unter Elimination von y und z, in Anwendung der Methoden des § 2, nach der Unbekannten x auflöst:

$x = (a + b) \div c$ aus $x + c = a + b$,
$x = a + (b \div c)$ „ $x = a + y$, $y + c = b$,
$x = a \div (c \div b)$ „ $x + y = a$, $y + b = c$,
$x = a \div (b + c)$ „ $x + b + c = a$,
$x = (a \div b) \div c$ „ $x + c = y$, $y + b = a$,
$x = (a + n) \div (b + n)$ aus $x + b + n = a + n$,
$x = (a \div n) \div (b \div n)$ „ $x + y = z$, $y + n = b$, $z + n = a$,
$x = (a \div n) + (n \div b)$ „ $x = y + z$, $y + n = a$, $z + b = n$

und so weiter. Valenzbedingung ist jeweils die Resultante der Elimination von x, y, z.

Hier steht jedoch auch noch ein anderer Weg offen: man kann auch das Schema 25') eventuell wiederholt als Vorschrift benutzen, um die verlangten Ausdrücke darnach aufzubauen.

Bei dem letzteren Verfahren werden nun im Resultate oft *mehrere* von einander unabhängig beliebige Klassensymbole $v, w, \ldots$ auftreten, während man nach dem ersteren Verfahren gemäss 20°) nur auf ein einziges arbiträres Symbol u kommen kann; und doch muss Aequivalenz zwischen den beiderlei Ergebnissen bei einem jeden von unseren Ausdrücken bestehen.

Analog lässt sich sogleich allgemein behaupten, dass jede Funktion von gegebenen und von unabhängig beliebigen Symbolen $v, w, \ldots$ ersetzt werden kann durch einen gewissen Funktionsausdruck, der ausser den gegebenen $a, b, \ldots$ nur das einzige arbiträre Symbol u enthült.

Beispielsweise ist:
$$av + bw = (a+b)u,$$
und kann diese Aequivalenz auch direkt nachgewiesen werden, indem

man durch die Annahme $v = w = u$ den linkseitigen Ausdruck in den rechtseitigen, und durch die Annahme $u = av + bw$ umgekehrt diesen in jenen überführen kann, sodass also beide gleich umfassend sein müssen und $av + bw$ auch nur einen beliebigen Theil des Gebietes $a + b$ vorstellt.

Aehnlich ist z. B. ferner:

$$a b v_1 + (a_1 b + av)w = (a + b) u,$$

wie direkt aus den Annahmen $v = (a + b) u + u_1$, $w = (a + b) u$ einerseits, und $u = a b v_1 + (a_1 b + av) w$ andererseits, zu erkennen ist.

Bei den Gleichungen zwischen den volldeutigen Ausdrücken sind die „Correktionsglieder" zum Theil anders beschaffen als bei den eindeutigen, meist jedoch frei von willkürlichen Bestandtheilen. Namentlich gelten die Formeln der Gruppe III. auch für die volldeutige Subtraktion ohne jedes Correktionsglied.

Wenn man nach den solchergestalt für die Exception und Abstraktion geltenden Formeln wirklich rechnen wollte, so würde als ein sehr empfindlicher Missstand sich vor allem der Umstand fühlbar machen, dass die Regeln nicht allgemein gültig, die Transformationen nach denselben nicht allgemein zulässig sind, sondern an die von mir sogenannten Valenzbedingungen als an eine Voraussetzung geknüpft sind.

Man könnte sich allerdings hiervon befreien, indem man die, eine Differenz (z. B.) darstellende Formel als Definition derselben auch für den Fall adoptirte, wo die Valenzbedingungen versagen; auf diese Weise hätten dann die inversen Operationen ihre Erklärung als *unbedingt ausführbare* Operationen gefunden, und die so aus den früher gegebenen eindeutigen Erklärungen 30) entspringenden Operationen würden sogar „*vollkommen eindeutige*", d. i. solche sein, die nicht nur nie mehrdeutig, sondern auch niemals undeutig werden. Allein man hätte erstens hierbei unter *mehreren* im allgemeinen verschiedenen Ausdrücken die Wahl, die erst kraft der Valenzbedingungen einander zu decken kommen, und zweitens würde der Gegensatz der so erklärten Operationen zu den entsprechenden direkten im allgemeinen nicht bestehen, womit jene ihr hauptsächlichstes Interesse verlören. Ich habe ferner kein entscheidendes Motiv entdecken können, welches bei der genannten Wahl für die eine oder andere Festsetzung den Ausschlag gäbe: wählte man etwa durchweg den umfassendsten von den zur Verfügung stehenden Ausdrücken, so würde der Dualismus zerstört. Und endlich fallen bei jeder Festsetzung die Gesetze der Operationen doch sehr viel complicirter aus als die der Algebra, sodass ihre Befolgung unstreitig weniger praktisch ist als das Verfahren nach den in § 2 auseinandergesetzten Methoden, wo von der

Subtraktion und Division nur der gemeinsame Specialfall der Negation in's Auge zu fassen bleibt.

Es erübrigt mir noch die Bemerkung, dass das Theorem 14°) $D, E, F, \ldots$ Boole's — von diesem als Analogon des Taylor'schen Satzes dargestellt — merkwürdigerweise auch für die mittelst unserer volldeutigen inversen Operationen gebildeten Elementarausdrücke richtig bleibt — jedoch in einem wesentlich von der Auffassung Boole's abweichenden Sinne, und überdies mit dem modificirenden Zusatze, *dass diejenigen Constituenten, deren Coefficienten undeutig ausfallen, für sich gleich 0 gesetzt werden müssen* und so die Valenzbedingung zusammen liefern. Dasselbe scheint sogar für die complicirtesten unter Beihülfe inverser Operationen aufgebauten Funktionsausdrücke Geltung zu behalten — wovon indessen Boole's aposterioristische Beweise mich nicht völlig zu überzeugen vermochten.

In der That gibt jener Satz z. B.:

40') $a \div b = (1 \div 1)ab + (1 \div 0)ab_1 + (0 \div 1)a_1 b + (0 \div 0)a_1 b_1$,

und hier ist der Coefficient $0 \div 1$ sinnlos, weshalb der zugehörige Constituent $a_1 b = 0$ zu setzen ist und so die Valenzbedingung ausdrückt.

Mit Rücksicht auf 27') und 28') bleibt dann:

$$a \div b = u\,ab + a b_1$$

in faktischer Uebereinstimmung mit 25').

Im Gegensatz zu vorstehendem rechnet aber Boole hierbei nach *arithmetischen* Gesetzen, und indem er $1 - 1$ demgemäss $= 0$ setzt, findet er $c = a - b = ab_1$ als allgemeinste Auflösung nach c der Gleichung $c + b = a$.

Dies ist nur insofern richtig, als — wie dies von Boole geschieht — lediglich mit Summen aus disjunkten Gliedern (mit „reducirten" Summen) gerechnet und die Addition ganz oder theilweise übereinstimmender Terme principiell ausgeschlossen wird.

Ein solcher Ausschluss der Gebilde wie $a + a$, gegenüber der Zulassung von $a \cdot a$, ist aber gänzlich unmotivirt, indem das eine doch nicht ungereimter ist wie das andere, indem ferner die Zulassung auch jener Gebilde von unleugbarem Nutzen für die Kürze des Ausdrucks und im gemeinen Leben in der That allgemein üblich ist, indem endlich dieselbe uns die Vortheile des Dualismus zuwendet, welchen Boole nicht mehr vollständig erschaute, dem aber Grassmann schon bedeutend näher getreten ist.